annab

2004

corrigés

Mathématiques

Bernard Demeillers
professeur au lycée Saint-Joseph, Le Havre

HATIER

Mode d'emploi

Ce fascicule contient vingt épreuves complètes posées à l'examen du brevet lors des sessions de juin 2003, de juin et de septembre 2002.
Ces épreuves, corrigées de façon détaillée et entièrement rédigées, recouvrent la quasi-totalité du programme de mathématiques des classes de troisième de collège.
Pour des raisons techniques dues au format du fascicule, les échelles imposées pour la construction des figures dans les différents sujets ne sont pas toujours respectées.
Tous ces exercices ont été classés de deux façons :
▶ un classement par académie permettant de retrouver l'intégralité de l'épreuve posée ;
▶ un classement par thèmes abordés (à l'intérieur de chacune des deux rubriques : « Travaux numériques et gestion de données » ; « Travaux géométriques »), permettant de sélectionner rapidement un exercice d'application sur une notion donnée.
L'ensemble représente soixante exercices.
De plus, en fin d'ouvrage, figure un récapitulatif des « formules », des définitions fondamentales, des grands théorèmes utilisés dans la résolution des différents exercices.

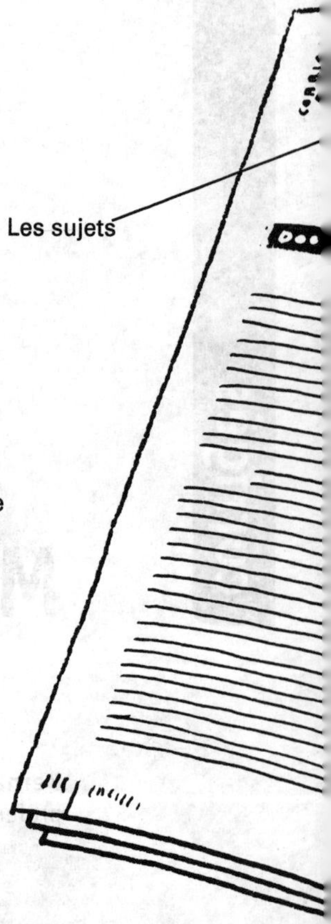

Bon courage à tous.
Bernard Demeillers

© Hatier Paris août 2003 ISSN 1168-3791 ISBN 2-218-74462-7

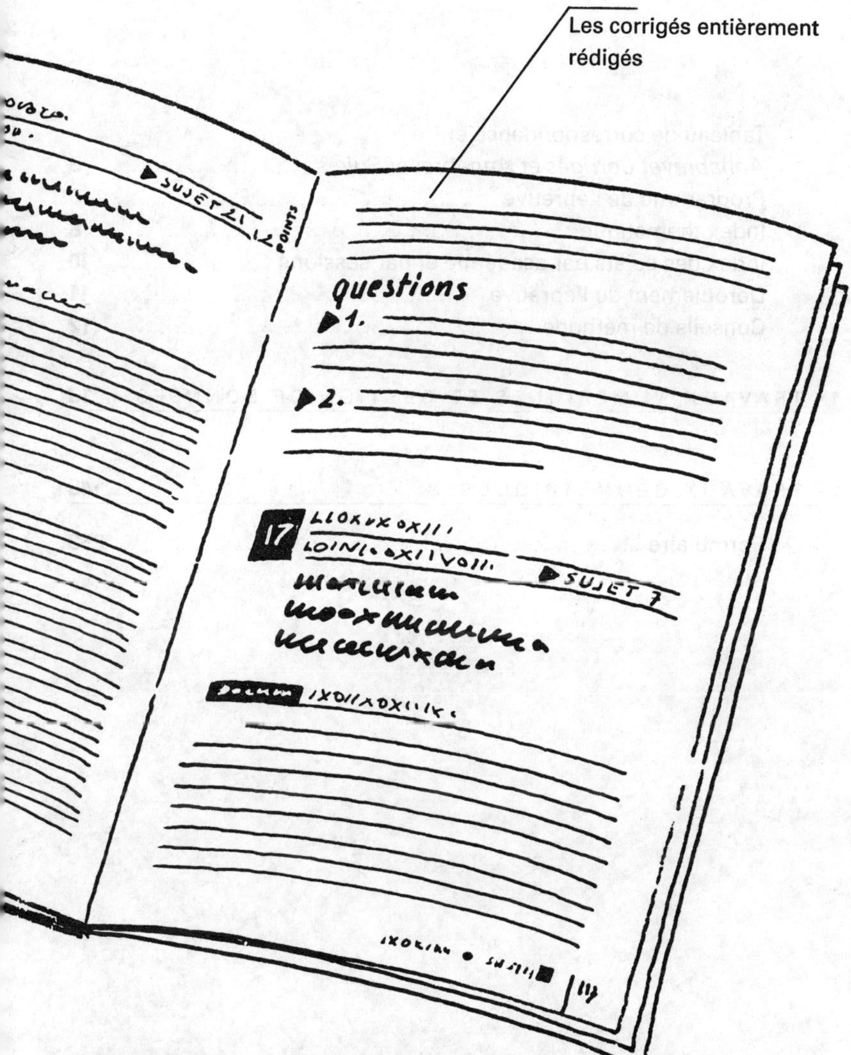

Hatier sur Internet : www.editions-hatier.fr

Principe de couverture :
Lacombe-Pingaud
Réalisation :
Grégoire Bourdin
Composition et schémas :
JPM SA

Maquette de principe :
Tout Pour Plaire
Coordination maquette :
Dany Mourain
Mise en page :
Graphismes

Coordination éditoriale :
Claire Dupuis
et Christine Rosengard
assistées de
Jean-Marc Cheminée
Correction :
Laurence Helleu

Sommaire

Tableau de correspondance

entre Annabrevet Corrigés et Annabrevet Sujets

Annabrevet Corrigés	1	2	3	4	5	6	7	8	9	10
Annabrevet Sujets	1	2	3	4	5	6	7	8	9	10
Annabrevet Corrigés	11	12	13	14	15	16	17	18	19	20
Annabrevet Sujets	11	12	13	14	15	16	17	18	44	45
Annabrevet Corrigés	21	22	23	24	25	26	27	28	29	30
Annabrevet Sujets	46	47	48	49	50	63	64	65	66	67
Annabrevet Corrigés	31	32	33	34	35	36	37	38	39	40
Annabrevet Sujets	68	69	70	71	72	73	74	75	76	77
Annabrevet Corrigés	41	42	43	44	45	46	47	48	49	50
Annabrevet Sujets	78	79	80	81	82	83	84	108	109	110
Annabrevet Corrigés	51	52	53	54	55	56	57	58	59	60
Annabrevet Sujets	111	112	125	126	127	128	129	130	131	132

Programme de l'épreuve

Extraits du Bulletin officiel

A • TRAVAUX GÉOMÉTRIQUES

❶ Géométrie dans l'espace.

▶ Sphère.

▶ Problèmes de sections planes de solides.

❷ Triangle rectangle : relations trigonométriques, distance de deux points dans un repère orthonormé du plan.

▶ Connaître et utiliser dans le triangle rectangle les relations entre le cosinus, le sinus ou la tangente d'un angle aigu et les longueurs de deux côtés du triangle.

▶ Utiliser la calculatrice pour déterminer des valeurs approchées.

▶ Distance de deux points dont on donne les coordonnées.

❸ Propriété de Thalès.

❹ Vecteurs et translations.

▶ Égalité vectorielle.

▶ Composition de deux translations ; somme de deux vecteurs.

▶ Coordonnées d'un vecteur dans le plan muni d'un repère.

▶ Composition de deux symétries centrales.

❺ Rotation, angles, polygones réguliers.

▶ Images de figures par une rotation.

▶ Polygones réguliers.

▶ Angle inscrit.

B • TRAVAUX NUMÉRIQUES

❶ Écritures littérales.
▶ Identités remarquables : $a^2 - b^2$; $a^2 + 2ab + b^2$; $a^2 - 2ab + b^2$.

❷ Calculs élémentaires sur les radicaux (racines carrées).
▶ Racine carrée d'un nombre positif.
▶ Produit et quotient de deux radicaux.

❸ Équations et inéquations du premier degré.
▶ Ordre et multiplication.
▶ Inéquation du premier degré à une inconnue.
▶ Système de deux équations à deux inconnues.
▶ Résolution de problèmes du premier degré ou s'y ramenant.

❹ Nombres entiers et rationnels.
▶ Diviseurs communs à deux entiers.
▶ Fractions irréductibles.

C • ORGANISATION ET GESTION DE DONNÉES, FONCTIONS

❶ Fonction linéaire et fonction affine.
▶ Fonction linéaire.
▶ Fonction affine.
▶ Fonction affine et linéaire associée.

❷ Proportionnalité et traitements usuels sur les grandeurs.
▶ Applications de la proportionnalité.
▶ Grandeurs composées. Changement d'unités.
▶ Calculs d'aires et de volumes.
▶ Effets d'une réduction ou d'un agrandissement sur des aires ou des volumes.

❸ Statistique.
▶ Caractéristiques de position d'une série statistique.
▶ Approche de caractéristiques de dispersion d'une série statistique.
▶ Initiation à l'utilisation de tableurs-grapheurs en statistique.

Index thématique

Tableaux synoptiques indiquant les notions abordées dans chaque exercice proposé.

1 • TRAVAUX NUMÉRIQUES ET GESTION DE DONNÉES

Notions abordées / N° exercices	Calculs dans ℝ. Factorisations	Racines carrées	Équations, inéquations	Systèmes d'équations	Arithmétique	Statistiques	Fonctions linéaires Fonctions affines	Lectures graphiques
1	•	•	•	•				
2	•				•		•	•
3	•	•	•					
4	•	•	•			•		
5	•		•				•	•
6	•	•	•	•	•			
7	•		•			•	•	•
8	•	•	•		•			
9	•					•	•	•
10	•	•	•	•	•			
11	•						•	•
12	•		•	•	•	•		
13	•	•	•	•				
14	•				•	•	•	
15	•	•	•			•		
16	•	•	•		•			
17	•	•		•	•	•		
18	•		•				•	•
19	•	•	•		•	•		
20	•		•				•	•
21	•	•	•		•	•		
22	•		•				•	•
23	•	•	•		•			
24	•	•	•	•	•			
25	•		•			•	•	•
26	•	•	•	•	•			
27			•				•	•
28	•	•	•	•				
29	•	•	•	•		•		
30	•		•				•	•
31	•	•	•				•	•
32	•	•	•			•	•	•

2 • TRAVAUX GÉOMÉTRIQUES

Notions abordées / N° exercices	Thalès	Angles Trigonométrie	Coordonnées Distances	Vecteurs	Transformations (rotations, symétries, translations)	Géométrie dans l'espace	Divers (configurations particulières, angles inscrits)
33	•			•	•	•	
34			•		•		•
35	•	•					•
36	•					•	
37	•	•	•		•		•
38	•		•				•
39	•	•			•		
40		•			•	•	
41	•		•	•	•		
42		•	•			•	
43	•	•		•	•		
44			•				•
45	•	•		•	•	•	
46			•	•			
47			•	•	•	•	
48	•	•	•				
49	•	•		•	•	•	
50	•		•		•	•	
51	•	•					
52	•				•	•	
53			•	•	•		•
54	•	•				•	
55			•	•			•
56	•	•				•	
57	•	•				•	
58			•	•	•		
59	•	•		•	•		•
60						•	•

Index des sujets

par académie et par sessions

Déroulement de l'épreuve

1• LA DURÉE ET LA NATURE DE L'ÉPREUVE

✪ La durée de l'épreuve est de 2 heures et le coefficient est égal à 2. De plus, le contrôle continu est affecté du coefficient 1.

2• LA GESTION DU TEMPS PENDANT L'ÉPREUVE

✪ Ne vous pressez pas à tout prix : il est inutile de terminer avant l'heure. Prenez 5 minutes pour lire le sujet et 10 minutes pour relire votre copie.
Le jour des épreuves du brevet, l'usage des instruments de dessin (compas, équerre, règle, rapporteur, etc.) et des instruments de calcul (calculatrice) est autorisé.
La qualité de la rédaction et celle de la présentation constituent des éléments d'appréciation de la copie qui seront notés sur 4 points (sur un total général de 40 points relatif à l'épreuve de mathématiques).

✪ **Toute épreuve de mathématiques au brevet est composée de 3 parties.** Chaque partie est notée sur 12 points.

▶ **Première partie : travaux numériques** (environ 30 minutes)

Il s'agit de plusieurs exercices courts et indépendants les uns des autres et nécessitant la maîtrise des techniques des calculs simples. Les candidats doivent très souvent indiquer la valeur exacte des résultats. La calculatrice devient à ce moment-là un outil de vérification, mais ne peut la plupart du temps proposer la réponse exacte.

▶ **Deuxième partie : travaux géométriques** (environ 30 minutes)

Il s'agit là aussi de plusieurs exercices courts et indépendants les uns des autres, nécessitant la connaissance des « grands théorèmes » du programme de troisième. Il est souvent demandé d'effectuer des constructions géométriques et de laisser apparents sur les figures les différents traits de construction.

▶ **Troisième partie : problème** (environ 45 minutes)

Il s'agit d'un problème comportant un petit nombre de questions simples et enchaînées, c'est-à-dire dépendant les unes des autres. Le thème de ce problème peut être « Travaux numériques et gestion de données » ou « Travaux géométriques », ou encore un mélange des deux.

Conseils de méthode

✪ Avant de commencer la rédaction d'un sujet ou de démarrer un calcul, il convient de **respecter certaines règles élémentaires** pour éviter de partir sur une fausse piste.

▶ **Règle 1** : Lire correctement tout l'énoncé de l'exercice.

▶ **Règle 2** : Comprendre tout le vocabulaire rencontré dans le texte (utiliser éventuellement un dictionnaire), et définir clairement la question posée.

▶ **Règle 3** : Regarder si l'exercice possède des questions dépendant les unes des autres (« exercice à tiroirs »). Alors vous trouverez dans certaines questions des éléments de réponse relatifs aux questions précédentes.

▶ **Règle 4** : Faire immédiatement une figure dans le cas d'un exercice de géométrie. Vous devez ainsi rendre concret le texte proposé. Attention, le dessin doit être très clair et ne pas correspondre à un cas particulier si ce cas n'est pas envisagé dans l'énoncé. N'hésitez pas à utiliser différentes couleurs pour la composition du schéma.

✪ **La rédaction** de vos réponses doit être **claire et rigoureuse.** Il est indispensable de rappeler précisément les théorèmes que vous utilisez. Un raisonnement en mathématiques doit comprendre des enchaînements logiques et ne doit pas être une suite de lignes de calculs sans liens entre elles.

✪ Enfin, n'oubliez pas de **mettre en évidence vos réponses** (en les encadrant par exemple) et de faire tous vos schémas et graphes sur des feuilles différentes de celles utilisées pour rédiger votre devoir.

1

Travaux numériques et gestion de données

1 NANCY-METZ, BESANÇON, DIJON, LYON, REIMS, GRENOBLE, STRASBOURG • JUIN 2003 — 12 POINTS

SUJET

Dans toute cette partie, les résultats des calculs demandés doivent être accompagnés d'explications. Le barème en tiendra compte.

EXERCICE 1

▶ **1.** Écrire A sous la forme $a\sqrt{b}$, où a et b sont des nombres entiers naturels, b étant le plus petit possible :

$A = 2\sqrt{45} - 3\sqrt{5} + \sqrt{20}$

▶ **2.** Calculer l'expression suivante B et donner son écriture scientifique :

$$B = \frac{150 \times 10^3 \times 8 \times 10^5}{6 \times 10^7}$$

EXERCICE 2

On considère l'expression : $C = (2x + 5)^2 - (x + 3)(2x + 5)$.

▶ **1.** Développer et réduire C.

▶ **2.** Factoriser C.

▶ **3.** Résoudre l'équation : $(2x + 5)(x + 2) = 0$.

▶ **4.** Calculer l'expression C pour $x = -\frac{2}{3}$.

On mettra le résultat sous la forme d'une fraction irréductible.

EXERCICE 3

▶ **1.** Résoudre le système suivant :

$$\begin{cases} 4x + 3y = 206 \\ 2x + 2y = 114 \end{cases}$$

▶ **2.** Lors d'un spectacle, la famille A, composée de 4 adultes et de 3 enfants, a payé 206 euros. Pour le même spectacle, la famille B, composée de 2 adultes et de 2 enfants, a payé 114 euros.
Combien paiera la famille C, sachant qu'elle est composée de 3 adultes et de 2 enfants ?

CORRIGÉ

EXERCICE 1

▶ **1.** Écrivons A sous la forme $a\sqrt{b}$.

$A = 2\sqrt{45} - 3\sqrt{5} + \sqrt{20}$

$A = 2\sqrt{3^2 \times 5} - 3\sqrt{5} + \sqrt{2^2 \times 5}$

$A = 6\sqrt{5} - 3\sqrt{5} + 2\sqrt{5}$

$\boxed{A = 5\sqrt{5}}$

▶ **2.** Calculons B et donnons son écriture scientifique.

$B = \dfrac{150 \times 10^3 \times 8 \times 10^5}{6 \times 10^7}$

Nous savons que :

$a^m \times a^n = a^{m+n}$ et $\dfrac{a^m}{a^n} = a^{m-n}$

$B = \dfrac{150 \times 8}{6} \times \dfrac{10^{3+5}}{10^7}$

$B = 200 \times \dfrac{10^8}{10^7}$

$B = 200 \times 10$

$B = 2\,000$

$\boxed{\mathbf{B = 2 \times 10^3}}$ est l'écriture scientifique de B.

EXERCICE 2

Nous avons : $C = (2x + 5)^2 - (x + 3)(2x + 5)$.

▶ **1.** Développons puis réduisons C.

Pour ce faire, utilisons l'identité remarquable $(a + b)^2 = a^2 + 2ab + b^2$.

$C = (4x^2 + 20x + 25) - (2x^2 + 6x + 5x + 15)$

$C = 4x^2 + 20x + 25 - 2x^2 - 11x - 15$

$\boxed{\mathbf{C = 2x^2 + 9x + 10}}$

▶ **2.** Factorisons C.
Mettons $(2x + 5)$ en facteur.
$C = (2x + 5)\,[(2x + 5) - (x + 3)]$
$C = (2x + 5)\,(2x + 5 - x - 3)$
$\boxed{C = (2x + 5)\,(x + 2)}$

▶ **3.** Résolvons l'équation $(2x + 5)\,(x + 2) = 0$.
Puisque nous avons un produit de facteurs nul, alors l'un au moins des facteurs est nul.

$2x + 5 = 0$ soit $x = -\dfrac{5}{2}$

ou $x + 2 = 0$ soit $x = -2$

Conclusion : $-\dfrac{5}{2}$ et -2 sont les solutions de l'équation.

▶ **4.** Calculons l'expression C lorsque $x = -\dfrac{2}{3}$.

Utilisons l'expression de C obtenue à la question **1**.

$$C = 2\left(-\frac{2}{3}\right)^2 + 9\left(-\frac{2}{3}\right) + 10$$

$$C = \frac{8}{9} - 6 + 10$$

$$C = \frac{8}{9} + \frac{36}{9}$$

$$\boxed{C = \frac{44}{9}}$$

EXERCICE 3

▶ **1.** Résolvons le système :

$$\begin{cases} 4x + 3y = 206 & (1) \\ 2x + 2y = 114 & (2) \end{cases}$$

Multiplions chaque membre de l'équation (2) par -2. Il vient :

$$\begin{cases} 4x + 3y = 206 & (1') \\ -4x - 4y = -228 & (2') \end{cases}$$

Additionnons membre à membre les deux équations. Nous obtenons :
$-y = -22$ soit $y = 22$

Remplaçons y par 22 dans l'équation (1') par exemple. Nous obtenons :
$4x + 3 \times 22 = 206$
$4x + 66 = 206$
$4x = 206 - 66$
$4x = 140 \qquad x = 35$

Conclusion : Le système admet pour solution $x = 35$ et $y = 22$.

▶ **2.** Notons x et y les prix respectifs d'une place adulte et d'une place enfant pour le spectacle. L'énoncé se traduit par le système de deux équations à deux inconnues suivant :

$$\begin{cases} 4x + 3y = 206 \\ 2x + 2y = 114 \end{cases}$$

Ce système a été résolu à la question précédente. Nous pouvons affirmer qu'une place adulte coûte 35 euros tandis qu'une place enfant coûte 22 euros.
Appelons P le prix dont devra s'acquitter la famille C.

$P = 3 \times 35 + 2 \times 22$ $\boxed{\mathbf{P = 149\ euros}}$

2 NANCY-METZ, BESANÇON, DIJON, LYON, REIMS, GRENOBLE, STRASBOURG • JUIN 2003 — **12 POINTS**

SUJET

PROBLÈME

Les deux parties sont indépendantes.

La figure ci-dessous est une vue de la surface au sol du CDI d'un collège. Ce CDI doit être réaménagé en deux parties distinctes : une Asalle de recherche et une salle de travail.

ABCE est un trapèze rectangle tel que AB = 9 m, BC = 8 m et DE = 6 m.

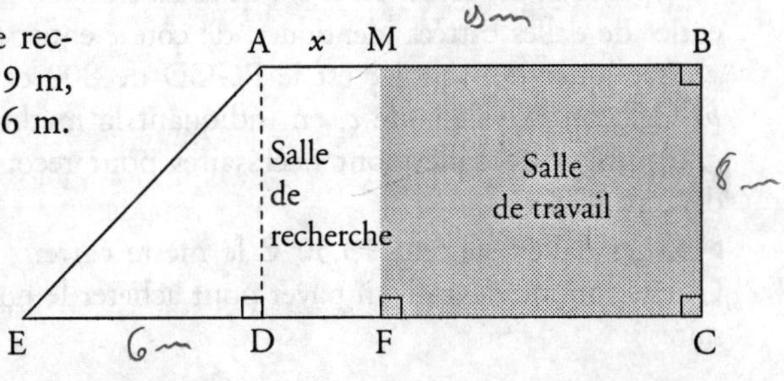

M est un point du segment [AB].
On pose AM = x (x est une distance exprimée en mètres : $0 \leqslant x \leqslant 9$).
Rappel : L'aire d'un trapèze de hauteur h, de bases b et B, est donnée par :

$$a = \frac{h(b + B)}{2}$$

✪ Première partie

La documentaliste souhaite que l'aire de la salle de travail soit égale à celle de la salle de recherche.

▶ **1.** *Dans cette question, uniquement,* on suppose : $x = 1$. Calculer l'aire du trapèze AMFE (salle de recherche), et l'aire du rectangle MBCF (salle de travail).

▶ **2.** *a)* Exprimer, en fonction de x, l'aire du trapèze AMFE.
b) Exprimer, en fonction de x, l'aire du rectangle MBCF.

▶ **3.** On se propose de représenter graphiquement cette situation à l'aide de deux fonctions affines f et g.
f est définie par : $f(x) = -8x + 72$;
g est définie par : $g(x) = 8x + 24$.
Sur une feuille de papier millimétré, construire un repère orthogonal :
- l'origine sera placée en bas à gauche ;
- en abscisse, on prendra 2 cm pour 1 unité (2 cm pour 1 m) ;
- en ordonnée, on prendra 1 cm pour 4 unités (1 cm pour 4 m^2).

Représenter les fonctions affines f et g pour $0 \leqslant x \leqslant 9$.

▶ **4.** *a)* En utilisant le graphique, indiquer la valeur de x pour laquelle $f(x) = g(x)$, ainsi que l'aire correspondante. Mettre en évidence ces valeurs sur le graphique (pointillés, couleurs…).
b) Retrouver les résultats précédents par le calcul.

✪ Deuxième partie

Dans cette partie, on pose $x = 3{,}5$.

▶ **1.** Donner, en cm, les dimensions de la salle de travail MBCF.

▶ **2.** On souhaite recouvrir le sol de la salle de travail à l'aide d'un nombre entier de dalles carrées identiques, de côté c entier le plus grand possible.
a) Expliquer pourquoi c est le PGCD de 800 et 550.
b) Calculer la valeur de c, en indiquant la méthode utilisée.
c) Combien de dalles sont nécessaires pour recouvrir le sol de la salle de travail ?

▶ **3.** Les dalles coûtent 13,50 € le mètre carré.
Quelle somme devra-t-on payer pour acheter le nombre de dalles nécessaires ?

PROBLÈME

✪ Première partie

▶ **1.** Notons $\mathcal{A}_1$ et $\mathcal{A}_2$ les aires respectives du trapèze AMFE et du rectangle MBCF.

• Nous remarquons que :
EF = ED + DF = 6 + 1 soit EF = 7 m

$$\mathcal{A}_1 = \frac{AM + EF}{2} \times MF$$

$$\mathcal{A}_1 = \frac{1 + 7}{2} \times 8$$

$$\boxed{\mathcal{A}_1 = 32 \text{ m}^2}$$

• Nous remarquons que :
MB = AB – AM = 9 – 1 soit MB = 8 m

$\mathcal{A}_2 = MB \times BC$

$\mathcal{A}_2 = 8 \times 8$

$$\boxed{\mathcal{A}_2 = 64 \text{ m}^2}$$

▶ **2.** *a)* Notons $\mathcal{A}_1(x)$ et $\mathcal{A}_2(x)$ les aires respectives du trapèze AMFE et du rectangle MBCF.

Nous remarquons que : EF = ED + DF = 6 + x.

$$\mathcal{A}_1(x) = \frac{AM + EF}{2} \times MF$$

$$\mathcal{A}_1(x) = \frac{x + (6 + x)}{2} \times 8$$

$\mathcal{A}_1(x) = 4(2x + 6)$

$$\boxed{\mathcal{A}_1(x) = 8x + 24}$$

b) Nous remarquons que : MB = AB – AM = 9 – x.

$\mathcal{A}_2(x) = MB \times BC$

$\mathcal{A}_2(x) = (9 - x) \times 8$

$$\boxed{\mathcal{A}_2(x) = -8x + 72}$$

▶ **3.** La représentation graphique de la fonction affine f est la droite $(\mathcal{D}_1)$ passant par les points $P_1(0 ; 72)$ et $P_2(9 ; 0)$.
La représentation graphique de la fonction affine g est la droite $(\mathcal{D}_2)$ passant par les points $Q_1(0 ; 24)$ et $Q_2(9 ; 96)$.
Puisque $0 \leqslant x \leqslant 9$, les représentations graphiques sont les segments $[P_1P_2]$ et $[Q_1Q_2]$.

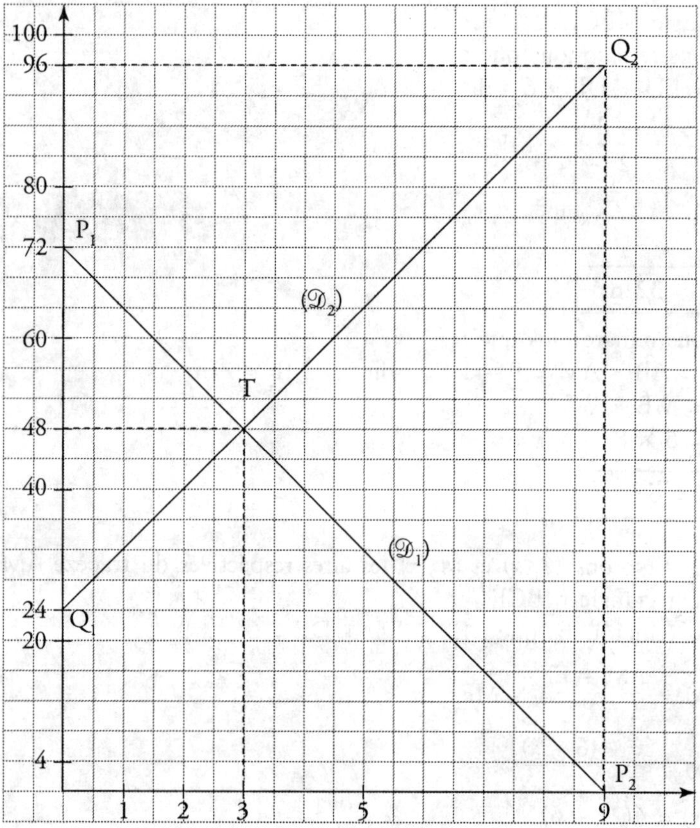

▶ 4. *a)* Les droites $(\mathcal{D}_1)$ et $(\mathcal{D}_2)$ se coupent en un point T.
Graphiquement, nous lisons T(3 ; 48).
Donc les aires du trapèze AMFE et du rectangle MBCF sont égales lorsque $x = 3$ m. La valeur commune de ces deux aires est alors 48 m².

b) $f(x) = g(x)$ équivaut à $-8x + 72 = 8x + 24$.
Résolvons cette équation.

$-8x + 72 = 8x + 24$

$-8x - 8x = 24 - 72$

$-16x = -48$

$x = \dfrac{-48}{-16}$

$x = 3$

Nous avons alors $f(3) = g(3) = 48$.
Donc nous retrouvons bien par le calcul que :

- les aires sont égales lorsque $x = 3$ m ;
- la mesure commune des aires lorsque $x = 3$ m est égale à 48 m^2.

✪ Deuxième partie

▶ **1.** Lorsque $x = 3{,}5$, alors les dimensions de la salle rectangulaire MBCF sont :

- MB = AB – AM = 9 – 3,5

soit MB = 5,5 m ou encore MB = 550 cm

- BC = 8 m ou encore BC = 800 cm

▶ **2.** *a)* Le nombre de dalles doit être entier. Le nombre *c* doit diviser 550 et 800. De plus, le nombre de dalles doit être le plus grand possible, alors *c* doit être le PGCD de 550 et 800.

b) Calculons *c* en utilisant l'algorithme d'Euclide.

$800 = 1 \times 550 + 250$

$550 = 2 \times 250 + 50$

$250 = 5 \times 50 + 0$

Le dernier reste non nul est 50.

Conclusion : $c = 50$.

c) Nous remarquons que $800 = 16 \times 50$ et $550 = 11 \times 50$.
Il y aura 16 dalles en longueur et 11 dalles en largeur.
Appelons N le nombre de dalles.

$N = 16 \times 11$

$\boxed{N = 176}$

▶ **3.** Notons *a* l'aire d'une dalle.

$a = 50 \times 50 = 2\,500$ cm^2

$a = 0{,}25$ m^2

Cela signifie qu'il y a 4 dalles au m^2.

Il convient d'acheter $\frac{176}{4}$ ou encore 44 m² de dalles.

Notons P le prix à payer.
P = 44 × 13,5

P = 594 euros

3 NANTES, BORDEAUX, CAEN, CLERMONT-FERRAND, LIMOGES, ORLÉANS-TOURS, POITIERS, RENNES • JUIN 2003 — 12 POINTS

SUJET

EXERCICE 1

▶ **1.** Écrire sous la forme $a\sqrt{5}$, avec a entier :

$A = 3\sqrt{20} + \sqrt{45}$ $\quad B = \sqrt{180} - 3\sqrt{5}$

▶ **2.** En utilisant les résultats de la question 1., démontrer que A × B et $\frac{A}{B}$ sont des nombres entiers.

EXERCICE 2

▶ **1.** Effectuer le calcul ci-dessous et donner le résultat sous forme de fraction irréductible :

$$1 - \left(\frac{1}{4} + \frac{3}{4} \times \frac{4}{5}\right)$$

▶ **2.** Un propriétaire terrien a vendu le quart de sa propriété en 2001 et les quatre cinquièmes du reste en 2002.

a) Quelle fraction de la propriété a été vendue en 2002 ?

b) Quelle fraction de la propriété reste invendue à l'issue des deux années ?

c) Quelle était la superficie de la propriété, sachant que la partie invendue au bout des deux années représente six hectares ?

EXERCICE 3

On considère l'expression : $E = (2x + 1)^2 - 4$.

▶ **1.** Développer et réduire l'expression E.

▶ **2.** Factoriser l'expression E sous forme d'un produit de facteurs du premier degré.

▶ **3.** Résoudre l'équation : $(2x + 3)(2x - 1) = 0$.

▶ **4.** Calculer E lorsque x vaut $-\frac{3}{2}$, puis lorsque x vaut 0.

EXERCICE 4

Un commerçant augmente les prix de tous ses articles de 8 %.
Un objet coûte x euros. Après avoir subi cette augmentation, il coûte y euros.

▶ **1.** Exprimer y en fonction de x.

▶ **2.** Un lecteur de DVD coûte, avant augmentation, 329 euros. Combien coûtera-t-il après ?

▶ **3.** Un téléviseur coûte, après augmentation, 540 euros. Combien coûtait-il avant ?

CORRIGÉ

EXERCICE 1

▶ **1.** Écrivons A et B sous la forme $a\sqrt{5}$.

• $A = 3\sqrt{20} + \sqrt{45}$

$A = 3\sqrt{2^2 \times 5} + \sqrt{3^2 \times 5}$

$A = 6\sqrt{5} + 3\sqrt{5}$

$\boxed{A = 9\sqrt{5}}$

• $B = \sqrt{180} - 3\sqrt{5}$

$B = \sqrt{6^2 \times 5} - 3\sqrt{5}$

$B = 6\sqrt{5} - 3\sqrt{5}$ $\boxed{B = 3\sqrt{5}}$

▶ **2.** Calculons :

• $A \times B = (9\sqrt{5}) \times (3\sqrt{5})$ $\boxed{\mathbf{A \times B = 135}}$

• $\frac{A}{B} = \frac{9\sqrt{5}}{3\sqrt{5}}$ $\boxed{\mathbf{\frac{A}{B} = 3}}$

EXERCICE 2

▶ **1.** Nous avons $C = 1 - \left(\frac{1}{4} + \frac{3}{4} \times \frac{4}{5}\right)$.

Calculons à l'intérieur des parenthèses, en appliquant les règles de priorité.

$C = 1 - \left(\frac{1}{4} + \frac{3}{5}\right)$

$C = 1 - \left(\frac{5}{20} + \frac{12}{20}\right)$

$C = \frac{20}{20} - \frac{17}{20}$ $\boxed{C = \frac{3}{20}}$

▶ **2.** *a)* Après avoir vendu le quart de sa propriété en 2001, il reste au propriétaire terrien les trois quarts de cette dernière.
En 2002, le propriétaire terrien vend les quatre cinquièmes du reste, soit une fraction F de sa propriété :

$F = \frac{4}{5} \times \frac{3}{4} = \frac{3}{5}$

En 2002, il a été vendu les trois cinquièmes de la propriété.

b) À l'issue des deux années, il reste une fraction F' de la propriété.

$$F' = 1 - \left(\frac{1}{4} + F\right)$$

$$F' = 1 - \left(\frac{1}{4} + \frac{4}{5} \times \frac{3}{4}\right)$$

$$\boxed{F' = \frac{3}{20}}$$ d'après la question précédente

c) Notons S la superficie en hectares de la propriété avant la première vente. L'énoncé permet d'écrire :

$$\frac{3}{20} \times S = 6$$

$$S = \frac{6}{\frac{3}{20}} = 6 \times \frac{20}{3}$$ $$\boxed{\textbf{S = 40 hectares}}$$

EXERCICE 3

Nous avons l'expression $E = (2x + 1)^2 - 4$.

▶ **1.** Développons puis réduisons E.
Utilisons l'identité remarquable $(a + b)^2 = a^2 + 2ab + b^2$.
$E = 4x^2 + 4x + 1 - 4$

$$\boxed{E = 4x^2 + 4x - 3}$$

▶ **2.** Factorisons E.
$E = (2x + 1)^2 - (2)^2$
Utilisons l'identité remarquable $a^2 - b^2 = (a + b)(a - b)$.
$E = (2x + 1 + 2)(2x + 1 - 2)$

$$\boxed{E = (2x + 3)(2x - 1)}$$

▶ **3.** Résolvons l'équation $(2x + 3)(2x - 1) = 0$.
Puisque nous avons un produit de facteurs nul, alors l'un au moins des facteurs est nul.

$2x + 3 = 0$ soit $x = -\frac{3}{2}$

ou $2x - 1 = 0$ soit $x = \frac{1}{2}$

Conclusion : $-\frac{3}{2}$ et $\frac{1}{2}$ sont les solutions de l'équation.

▶ **4.** Lorsque $x = -\frac{3}{2}$ alors $2x + 3 = 0$. L'un des facteurs de E est nul et alors E = 0.
En utilisant l'expression de E trouvée à la question **1.**, calculons E lorsque $x = 0$.
Il vient E = – 3.

EXERCICE 4

▶ **1.** Calculons y.

$y = x + \frac{8}{100}x$

$y = x + 0{,}08x$

$\boxed{y = 1{,}08x}$

▶ **2.** Dans cette question, nous savons que $x = 329$ et nous devons calculer y.
$y = 1{,}08 \times 329 = 355{,}32$

Conclusion : Le lecteur de DVD coûte 355,32 euros après l'augmentation.

▶ **3.** Dans cette question, nous savons que $y = 540$ et nous devons calculer x.

$x = \frac{y}{1{,}08} = \frac{540}{1{,}08}$

$x = 500$

Conclusion : Le téléviseur coûtait 500 euros avant l'augmentation.

4 NICE, AIX-MARSEILLE, CORSE, MONTPELLIER, TOULOUSE • JUIN 2003 — 12 POINTS

SUJET

EXERCICE 1

On donne : $A = \dfrac{9}{14} - \dfrac{2}{7} \times 5$ $\quad B = \sqrt{2} \times \dfrac{\sqrt{2}}{\sqrt{9}}$.

Écrire chaque nombre A et B sous forme d'une fraction irréductible.

EXERCICE 2

On considère : $C = (3x - 2)^2 + (3x - 2)(x + 3)$.

▶ **1.** Développer et réduire C.

▶ **2.** Factoriser C.

▶ **3.** Résoudre l'équation : $(3x - 2)(4x + 1) = 0$.

EXERCICE 3

La course automobile des 24 heures du Mans consiste à effectuer en 24 heures le plus grand nombre de tours d'un circuit.
Le diagramme en bâtons ci-contre donne la répartition du nombre de tours effectués par les 25 premiers coureurs automobiles du rallye.

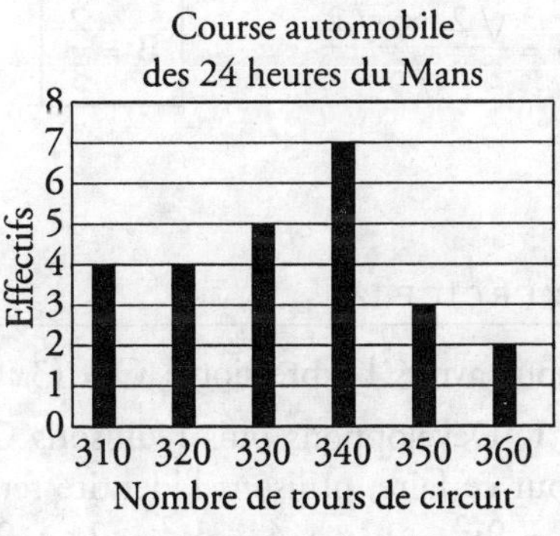

▶ **1.** Compléter le tableau des effectifs et des effectifs cumulés croissants de cette série statistique.

Nombre de tours effectués	310	320	330	340	350	360
Effectifs	4	4	5	7	3	2
Effectifs cumulés croissants	4	8	13	20	23	25

▶ 2. Déterminer la médiane et l'étendue de cette série.

▶ 3. Calculer la moyenne de cette série (on donnera la valeur arrondie à l'unité).

CORRIGÉ

EXERCICE 1

Écrivons A et B sous forme de fractions irréductibles.

• $A = \frac{9}{14} - \frac{2}{7} \times 5$

$A = \frac{9}{14} - \frac{10}{7}$

$A = \frac{9}{14} - \frac{20}{14}$ $\boxed{A = -\frac{11}{14}}$

• $B = \sqrt{2} \times \frac{\sqrt{2}}{\sqrt{9}}$

$B = \frac{\sqrt{2} \times \sqrt{2}}{\sqrt{9}}$ $\boxed{B = \frac{2}{3}}$

EXERCICE 2

Nous avons l'expression : $C = (3x - 2)^2 + (3x - 2)\ (x + 3)$.

▶ 1. Développons puis réduisons C.

Pour ce faire, utilisons l'identité remarquable $(a - b)^2 = a^2 - 2ab + b^2$.

$C = 9x^2 - 12x + 4 + 3x^2 - 2x + 9x - 6$

$\boxed{C = 12x^2 - 5x - 2}$

▶ 2. Factorisons C.

Mettons $(3x - 2)$ en facteur :

$C = (3x - 2)\ [(3x - 2) + (x + 3)]$

$C = (3x - 2)\ (4x + 1)$

▶ **3.** Résolvons l'équation $(3x - 2)(4x + 1) = 0$.
Puisque nous avons un produit de facteurs nul, alors l'un au moins des facteurs est nul.

$3x - 2 = 0$ soit $x = \frac{2}{3}$

ou $4x + 1 = 0$ soit $x = -\frac{1}{4}$

Conclusion : $\frac{2}{3}$ et $-\frac{1}{4}$ sont les solutions de l'équation.

EXERCICE 3

▶ **1.** Nous obtenons le tableau suivant :

Nombre de tours effectués	310	320	330	340	350	360
Effectifs	4	4	5	7	3	2
Effectifs cumulés croissants	4	8	13	20	23	25

▶ **2.** Notons m la médiane de la série.
m est la valeur qui partage la série statistique (rangée par ordre croissant par exemple) en deux séries de même effectif.
Avant la 13e valeur, il existe 12 valeurs de la série, et après la 13e valeur, il existe 12 valeurs de la série.
Cette 13e valeur correspond à 330 tours.

$m = 330$

Notons e l'étendue de la série.
e est la différence entre la plus grande et la plus petite valeur de la série statistique.
$e = 360 - 310$

$e = 50$

▶ **3.** Notons M la moyenne de la série.

$$M = \frac{4 \times 310 + 4 \times 320 + 5 \times 330 + 7 \times 340 + 3 \times 350 + 2 \times 360}{25}$$

$$M = \frac{8\,320}{25}$$

$M = 332{,}8$

$M = 333$ valeur arrondie à l'unité

5 NICE, AIX-MARSEILLE, CORSE, MONTPELLIER, TOULOUSE • JUIN 2003 — 12 POINTS

SUJET

PROBLÈME

Un fournisseur d'accès à Internet propose à ses clients deux formules d'abonnement :

• une formule A comportant un abonnement fixe de 20 € par mois auquel s'ajoute le prix des communications au tarif préférentiel de 2 € de l'heure ;

• une formule B offrant un libre accès à Internet mais pour laquelle le prix des communications est de 4 € pour une heure de connexion.

Dans les deux cas, les communications sont facturées proportionnellement au temps de connexion.

▶ **1.** Pierre se connecte 7 h 30 min par mois et Annie 15 h par mois. Calculer le prix payé par chacune des deux personnes selon qu'elle choisit la formule A ou la formule B. Conseiller à chacune l'option qui est pour elle la plus avantageuse.

▶ **2.** On note x le temps de connexion d'un client, exprimé en heures. On appelle P_A le prix à payer en euros avec la formule A, et P_B le prix à payer en euros avec la formule B.
Exprimer P_A et P_B en fonction de x.

▶ **3.** On se place dans un repère orthogonal tel que :
• en abscisse, 1 cm représente une unité ;
• en ordonnée, 1 cm représente 5 unités.
Tracer dans ce repère :
• la droite (d), représentation graphique de la fonction $f : x \mapsto 2x + 20$;
• la droite (d'), représentation graphique de la fonction $g : x \mapsto 4x$.

▶ **4.** En faisant apparaître sur le graphique précédent les traits nécessaires, répondre aux deux questions suivantes :

a) Coralie, qui avait choisi la formule B, a payé 26 €. Combien de temps a-t-elle été connectée ?

b) Jean se connecte 14 h dans le mois. Combien va-t-il payer selon qu'il choisit la formule A ou la formule B ?

▶ **5.** Résoudre l'inéquation : $4x \leqslant 2x + 20$.
Que permet de déterminer la résolution de cette inéquation dans le contexte du problème ?

CORRIGÉ

PROBLÈME

▶ 1. Les réponses aux questions posées sont consignées dans le tableau ci-après. Les prix sont donnés en euros.

	Choix de la formule A	Choix de la formule B
Prix payé par Pierre	35	30
Prix payé par Annie	50	60

Conclusion pour ce cas précis :
La formule B est la plus avantageuse pour Pierre.
La formule A est la plus avantageuse pour Annie.

▶ 2. Exprimons P_A et P_B en fonction de x.

$P_A = 2x + 20$

$P_B = 4x$

▶ 3. La représentation graphique de la fonction affine f est la droite (d) passant par les points $M_1(0\,;\,20)$ et $M_2(15\,;\,50)$.
La représentation graphique de la fonction linéaire g est la droite (d') passant par le point O origine du repère et le point $N_2(15\,;\,60)$.

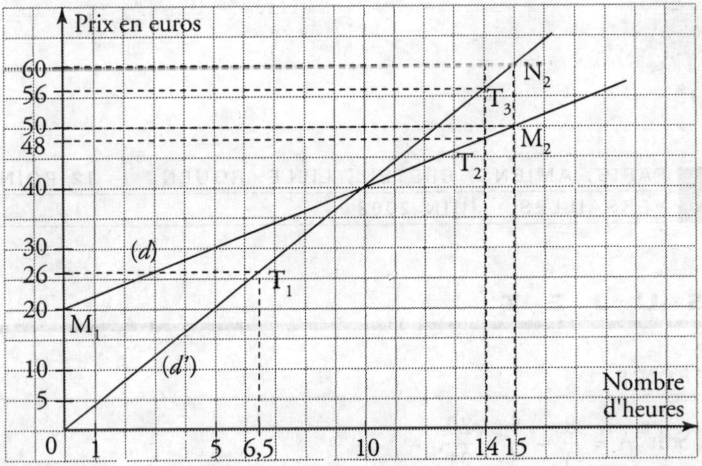

▶ 4. *a)* Nous lisons sur le graphique que le point T_1, situé sur la droite (d') et d'ordonnée 26, a pour abscisse 6,5.

Conclusion : Coralie a été connectée durant 6,5 h, c'est-à-dire 6 h 30 min.

b) Nous lisons sur le graphique que le point T_2, situé sur la droite (d) et d'abscisse 14, a pour ordonnée 48.

Conclusion : Jean va payer 48 euros s'il a choisi la formule A.
Nous lisons sur le graphique que le point T_3, situé sur la droite (d') et d'abscisse 14, a pour ordonnée 56.

Conclusion : Jean va payer 56 euros s'il a choisi la formule B.

▶ **5.** Résolvons l'inéquation $4x \leqslant 2x + 20$.

$4x \leqslant 2x + 20$
$4x - 2x \leqslant 20$
$2x \leqslant 20$
$x \leqslant 10$

Conclusion : La formule B est plus avantageuse pour le client lorsque celui-ci se connecte moins de 10 h par mois. Si le client se connecte 10 h par mois, les formules A et B reviennent au même prix.

6 PARIS, AMIENS, CRÉTEIL, LILLE, ROUEN, VERSAILLES • JUIN 2003 — 12 POINTS

SUJET

EXERCICE 1

▶ **1.** Soit $A = \frac{8}{3} - \frac{5}{3} : \frac{20}{21}$.

Calculer A en détaillant les étapes du calcul et écrire le résultat sous la forme d'une fraction irréductible.

▶ 2. Soit $B = 3\sqrt{28} - 9\sqrt{7}$.
Écrire B sous la forme $a\sqrt{7}$, où a est un nombre entier (on indiquera le détail des calculs).

EXERCICE 2

▶ 1. Calculer le PGCD des nombres 1 183 et 455 en précisant la méthode utilisée.
▶ 2. Écrire sous la forme irréductible la fraction $\frac{1\,183}{455}$ (on indiquera le détail des calculs).

EXERCICE 3

Soit l'expression : $E = (5x - 2)^2 - (x - 7)(5x - 2)$.
▶ 1. Développer et réduire E.
▶ 2. Calculer la valeur numérique de E pour x - 1.
▶ 3. Factoriser E.
▶ 4. Résoudre l'équation : $(5x - 2)(4x + 5) = 0$.

EXERCICE 4

Dans un restaurant, un couple commande 1 pizza et 2 jus de fruits et paye 11 euros.
À la table voisine, des amis commandent 5 pizzas et 9 jus de fruits et payent 53 euros.
Toutes les pizzas sont au même tarif et tous les jus de fruits ont un prix identique.
On appelle x le prix en euros d'une pizza et y le prix en euros d'un jus de fruits.
▶ 1. Écrire un système d'équations traduisant les données.
▶ 2. Calculer le prix d'une pizza et celui d'un jus de fruits.

CORRIGÉ

CORRIGÉ

EXERCICE 1

▶ 1. Calculons $A = \frac{8}{3} - \frac{5}{3} : \frac{20}{21}$.

Pour diviser deux fractions, il convient de multiplier la fraction numérateur par l'inverse de la fraction dénominateur.

$A = \frac{8}{3} - \frac{5}{3} \times \frac{21}{20}$

Simplifions A :

$A = \frac{8}{3} - \frac{7}{4}$

Réduisons au même dénominateur :

$A = \frac{32}{12} - \frac{21}{12}$

$\boxed{A = \frac{11}{12}}$

▶ 2. Écrivons $B = 3\sqrt{28} - 9\sqrt{7}$ sous la forme $a\sqrt{7}$.

$B = 3\sqrt{2^2 \times 7} - 9\sqrt{7}$

$B = 6\sqrt{7} - 9\sqrt{7}$

$\boxed{B = -3\sqrt{7}}$

EXERCICE 2

▶ 1. Calculons le PGCD des nombres 1 183 et 455 en utilisant l'algorithme d'Euclide.

1 183 = 2 × 455 + 273

455 = 1 × 273 + 182

273 = 1 × 182 + 91

182 = 2 × 91 + 0

Le dernier reste non nul est 91.

Conclusion : 91 est le PGCD des nombres 1 183 et 455.

▶ **2.** Notons $F = \dfrac{1\,183}{455}$.

Nous remarquons que $1\,183 = 13 \times 91$ et $455 = 5 \times 91$

$$F = \frac{13 \times 91}{5 \times 91}$$

$F = \dfrac{13}{5}$ est une fraction irréductible.

EXERCICE 3

Nous avons l'expression : $E = (5x - 2)^2 - (x - 7)(5x - 2)$.

▶ **1.** Développons puis réduisons E.

Utilisons l'identité remarquable $(a - b)^2 = a^2 - 2ab + b^2$.

$E = (25x^2 - 20x + 4) - (5x^2 - 35x - 2x + 14)$

$E = 25x^2 - 20x + 4 - 5x^2 + 37x - 14$

$$E = 20x^2 + 17x - 10$$

▶ **2.** Calculons E lorsque $x = -1$.

Utilisons l'expression de E obtenue à la question précédente :

$E = 20(-1)^2 + 17(-1) - 10$

$E = 20 - 17 - 10$

$$E = -7$$

▶ **3.** Factorisons E.

Mettons $(5x - 2)$ en facteur :

$E = (5x - 2)\,[(5x - 2) - (x - 7)]$

$E = (5x - 2)(5x - 2 - x + 7)$

$$E = (5x - 2)(4x + 5)$$

▶ **4.** Résolvons l'équation $(5x - 2)(4x + 5) = 0$.

Puisque nous avons un produit de facteurs nul, alors l'un au moins des facteurs est nul.

$5x - 2 = 0$ soit $x = \dfrac{2}{5}$

ou $4x + 5 = 0$ soit $x = -\dfrac{5}{4}$

Conclusion : $\dfrac{2}{5}$ et $-\dfrac{5}{4}$ sont les solutions de l'équation.

EXERCICE 4

▶ 1. Traduisons les données de l'énoncé par un système de deux équations à deux inconnues.

$$\begin{cases} x + 2y = 11 & (1) \\ 5x + 9y = 53 & (2) \end{cases}$$

▶ 2. Résolvons ce système par substitution.
De l'équation (1), nous sortons $x = 11 - 2y$.
Remplaçons x par $11 - 2y$ dans l'équation (2). Il vient :
$5(11 - 2y) + 9y = 53$
$55 - 10y + 9y = 53$
$-y = 53 - 55$
$-y = -2$
$y = 2$
Puisque $y = 2$, alors $x = 11 - 2 \times 2$, soit $x = 7$.
Conclusion : Une pizza coûte 7 euros alors qu'un jus de fruit coûte 2 euros.

7 PARIS, AMIENS, CRÉTEIL, LILLE, ROUEN, VERSAILLES • JUIN 2003 — 12 POINTS

SUJET

PROBLÈME

✪ Première partie
Une étude statistique a été réalisée auprès de jeunes possédant un téléphone portable. L'enquête portait sur la durée d'utilisation de leur téléphone en janvier 2003.
Les durées relevées vont de 34 min à 3 h 27 min.

▶ 1. Calculer l'étendue de la série statistique obtenue. (Donner le résultat en heures et minutes.)

▶ 2. Les durées ont été regroupées en classe dans le tableau suivant.

Durée d'utilisation d en min	$30 \leqslant d < 60$	$60 \leqslant d < 90$	$90 \leqslant d < 120$
Effectifs	26	43	61
Centre de classe	45	75	105

Durée d'utilisation d en min	$120 \leqslant d < 150$	$150 \leqslant d < 180$	$180 \leqslant d < 210$
Effectifs	80	30	10
Centre de classe	135	165	195

Calculer l'effectif total de cette série statistique.

▶ 3. Quel est le nombre de jeunes interrogés qui ont utilisé leur téléphone portable au moins 2 h ?

▶ 4. Quel est le pourcentage de jeunes ayant utilisé leur téléphone moins de 1 h 30 min ?

▶ 5. Calculer en minutes la durée moyenne d'utilisation de leur téléphone portable pour l'ensemble des jeunes de l'enquête.
Exprimer ce résultat en heures et minutes.

✪ Deuxième partie

Deux sociétés proposent les formules d'abonnement suivantes :
M (société Mobile France) : 20 € pour un forfait de 2 h et 0,50 € par minute de dépassement du forfait
P (société Portable Europe) : 26 € pour un forfait de 2 h et 0,30 € par minute de dépassement du forfait

▶ 1. *a)* Quel est le prix à payer pour chacune des deux formules pour une durée d'utilisation de 1 h 30 min ?

b) Calculer le prix à payer pour chacune des deux formules pour une durée d'utilisation de 2 h 40 min.

▶ 2. Soit x la durée (en minutes) de dépassement au-delà du forfait de 2 h. Exprimer en fonction de x :

a) le prix P_1 à payer avec la formule M proposée par la société Mobile France ;

b) le prix P_2 à payer avec la formule P proposée par la société Portable Europe.

▶ 3. Le plan est muni d'un repère orthonormal. Sur une feuille de papier millimétré, on placera l'origine en bas à gauche de la feuille et on prendra comme unité graphique 1 cm pour 5 unités.
Construire :

- la droite (d_1) représentant la fonction affine $x \mapsto 0{,}5x + 20$;
- la droite (d_2) représentant la fonction affine $x \mapsto 0{,}3 + 26$.

▶ 4. *a)* Résoudre l'équation : $0{,}5\,x + 20 = 0{,}3 + 26$.

b) Que signifie ce résultat dans le problème posé ci-dessus ?

c) Vérifier graphiquement cette solution en faisant apparaître les pointillés utiles.

▶ 5. *a)* À partir de quelle durée d'utilisation la formule P est-elle plus économique que la formule M ?

b) Lors de l'enquête décrite dans la première partie, quel est le nombre de jeunes interrogés qui ont intérêt à choisir la formule P proposée par Portable Europe ?

CORRIGÉ

✪ Première partie

▶ 1. Notons e l'étendue de la série statistique.
L'étendue d'une série statistique est la différence entre la plus grande et la plus petite valeur de cette série.
e = 3 h 27 min – 34 min
e = 2 h 87 min – 34 min

e = 2 h 53 min

▶ 2. Notons N l'effectif total de la série statistique.
N = 26 + 43 + 61 + 80 + 30 + 10

N = 250

▶ 3. Soit n_1 le nombre de jeunes interrogés qui ont utilisé leur téléphone portable au moins 2 heures.
La durée d d'utilisation du téléphone est telle que $120 \leqslant d < 210$.
$n_1 = 80 + 30 + 10$

$n_1 = 120$

▶ 4. Notons p le pourcentage cherché.
Soit n_2 le nombre de jeunes interrogés qui ont utilisé leur téléphone portable moins de 1 h 30 min.
La durée d d'utilisation du téléphone est telle que $30 \leqslant d < 90$.

$n_2 = 26 + 43$

$n_2 = 69$

Alors nous avons :

$$p = \frac{n_2}{N} \times 100$$

$$p = \frac{69}{250} \times 100$$

$$\boxed{p = 27{,}6\,\%}$$

▶ 5. Notons Δ la durée moyenne d'utilisation du téléphone portable.
Les durées d'utilisation du téléphone étant regroupées par classes, on calcule la moyenne en choisissant comme durées les centres des classes et comme effectifs les effectifs des classes.

$$\Delta = \frac{26 \times 45 + 43 \times 75 + 61 \times 105 + 80 \times 135 + 30 \times 165 + 10 \times 195}{250}$$

$$\Delta = \frac{28\,500}{250}$$

$\Delta = 114$ min

$$\boxed{\Delta = 1 \text{ h } 54 \text{ min}}$$

✪ Deuxième partie

▶ 1. *a)* Pour une utilisation de 1 h 30 min, il n'y a pas de dépassement du forfait :

- le prix p_1 en euros à payer avec la formule M est $p_1 = 20$;
- le prix p_2 en euros à payer avec la formule P est $p_2 = 26$.

b) Pour une utilisation de 2 h 40 min, il y a un dépassement du forfait de 40 min :

- le prix p_3 en euros à payer avec la formule M est $p_3 = 20 + 0{,}5 \times 40$, soit $p_3 = 40$;
- le prix p_4 en euros à payer avec la formule P est $p_4 = 26 + 0{,}3 \times 40$, soit $p_4 = 38$.

▶ 2. *a)* Nous avons $P_1 = 20 + 0{,}5x$.
b) Nous avons aussi $P_2 = 26 + 0{,}3x$.

▶ 3. La droite (d_1) passe par les points $A_1(0\,;\,20)$ et $B_1(80\,;\,60)$.
La droite (d_2) passe par les points $A_2(0\,;\,26)$ et $B_2(80\,;\,50)$.

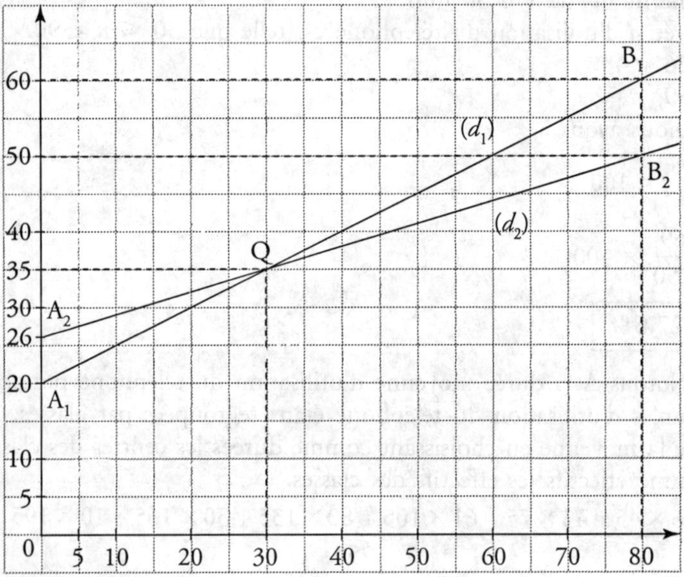

▶ 4. *a)* Résolvons l'équation $0{,}5x + 20 = 0{,}3x + 26$.

$0{,}5x - 0{,}3x = 26 - 20$

$0{,}2x = 6$

$x = \dfrac{6}{0{,}2}$ $\quad\boxed{x = 30}$

b) Le calcul précédent prouve que si le forfait est dépassé de 30 minutes, alors les prix payés avec l'option M ou l'option P sont les mêmes.

c) Sur le graphique, les deux droites (d_1) et (d_2) se coupent en Q. Nous lisons Q(30 ; 35).

Les prix à payer avec les options M ou P sont les mêmes si le dépassement du forfait est de 30 min. Dans ce cas, le prix est de 35 euros.

▶ 5. *a)* La formule P est plus économique que la formule M si :

$26 + 0{,}3x < 20 + 0{,}5x$

$0{,}3x - 0{,}5x < 20 - 26$

$-0{,}2x < -6$

$x > \dfrac{-6}{-0{,}2}$

$x > 30$

Conclusion : Si le forfait est dépassé de plus de 30 min, alors la formule P est plus économique que la formule M.

Remarque : Il est possible de répondre graphiquement à cette question. La formule P est plus économique que la formule M lorsque $P_2 < P_1$, c'est-à-dire lorsque la droite (d_2) est au-dessous de la droite (d_1). Cela se produit lorsque $x > 30$.

b) Soit N' le nombre de jeunes cherchés.
N' correspond à une durée d'utilisation du téléphone portable supérieure ou égale à 150 minutes.
N' = 30 + 10

N' = 40

8 AFRIQUE DE L'OUEST, ASIE — JUIN 2003 — **12 POINTS**

SUJET

EXERCICE 1

▶ 1. Soient $A = 5\sqrt{18}$ et $B = 3\sqrt{50}$.

Écrire A et B sous la forme $a\sqrt{b}$, où a et b sont des entiers. Que remarquez-vous ?

▶ 2. Soient $C = 2 - \sqrt{2}$ et $D = 2 + \sqrt{2}$.

a) Montrer que $C \times D$ est un entier.

b) Calculer C^2 et écrire le résultat sous la forme $a + b\sqrt{2}$, avec a et b entiers.

EXERCICE 2

On donne l'expresion : $E = (x + 1)^2 + (x + 1)(2x - 3)$.

▶ 1. Développer puis réduire E.

▶ 2. Calculer E pour $x = \frac{1}{2}$.

▶ **3.** Factoriser E.

▶ **4.** Résoudre l'équation : $(x + 1)(3x - 2) = 0$.

EXERCICE 3

▶ **1.** Montrer que le PGCD des nombres 372 et 775 est égal à 31. Écrire les calculs.

▶ **2.** Un chef d'orchestre fait répéter 372 choristes hommes et 775 choristes femmes pour un concert. Il veut faire des groupes de répétition de sorte que :
– le nombre de choristes femmes soit le même dans chaque groupe ;
– le nombre de choristes hommes soit le même dans chaque groupe ;
– chaque choriste appartienne à un groupe.

a) Quel nombre maximal de groupes pourra-t-il faire ?

b) Combien y aura-t-il alors de choristes hommes et de choristes femmes dans chaque groupe ?

CORRIGÉ

EXERCICE 1

▶ **1.** Écrivons A et B sous la forme $a\sqrt{b}$, où a et b sont des entiers

• $A = 5\sqrt{18} = 5\sqrt{3^2 \times 2}$

$A = 5 \times 3\sqrt{2}$

$A = 15\sqrt{2}$

• $B = 3\sqrt{50} = 3\sqrt{5^2 \times 2}$

$B = 3 \times 5\sqrt{2}$

$B = 15\sqrt{2}$

Nous remarquons que A = B.

▶ 2. *a)* Calculons $C \times D = (2 - \sqrt{2})(2 + \sqrt{2})$.

Utilisons l'identité remarquable $(a - b)(a + b) = a^2 - b^2$.

$C \times D = (2)^2 - (\sqrt{2})^2$

$C \times D = 4 - 2$

$C \times D = 2$

Nous trouvons bien pour résultat un nombre entier.

b) Calculons $C^2 = (2 - \sqrt{2})^2$.

Utilisons l'identité remarquable $(a - b)^2 = a^2 - 2ab + b^2$.

$C^2 = 4 - 4\sqrt{2} + 2$

$$\boxed{C^2 = 6 - 4\sqrt{2}}$$

EXERCICE 2

▶ **1.** Développons puis réduisons $E = (x + 1)^2 + (x + 1)(2x - 3)$.

Pour ce faire, utilisons l'identité remarquable $(a + b)^2 = a^2 + 2ab + b^2$.

$E = x^2 + 2x + 1 + 2x^2 + 2x - 3x - 3$

$$\boxed{E = 3x^2 + x - 2}$$

▶ **2.** Calculons E lorsque $x = \frac{1}{2}$. Pour ce faire, utilisons, par exemple, l'expression de E obtenue à la question précédente.

$E = 3\left(\frac{1}{2}\right)^2 + \frac{1}{2} - 2$

$E = \frac{3}{4} + \frac{2}{4} - \frac{8}{4}$ $\boxed{E = -\frac{3}{4}}$

▶ **3.** Factorisons E. Pour cela, mettons $(x + 1)$ en facteur.

$E = (x + 1)[(x + 1) + (2x - 3)]$

$$\boxed{E = (x + 1)(3x - 2)}$$

▶ **4.** Résolvons l'équation $(x + 1)(3x - 2) = 0$.

Puisque nous avons un produit de facteurs nul, alors l'un au moins des facteurs est nul.

$x + 1 = 0$ soit $x = -1$

ou $3x - 2 = 0$ soit $x = \frac{2}{3}$

Conclusion : -1 et $\frac{2}{3}$ sont les solutions de l'équation.

EXERCICE 3

▶ **1.** Calculons le PGCD des deux nombres 372 et 775. Utilisons l'algorithme d'Euclide.
$775 = 2 \times 372 + 31$
$372 = 12 \times 31 + 0$
Le dernier reste non nul est égal à 31.

Conclusion : Le PGCD de 372 et 775 est 31.

▶ **2.** *a)* Le nombre de groupes doit diviser 372 et 775. Le nombre maximal de groupes doit donc être le plus grand commun diviseur de 372 et 775, c'est-à-dire 31.
Le nombre maximal de groupes est donc égal à 31.
b) Nous pouvons remarquer que :
$372 = 12 \times 31$ et $775 = 25 \times 31$

Conclusion : Chaque groupe comportera 12 choristes hommes et 25 choristes femmes.

9 AFRIQUE DE L'OUEST, ASIE — **12 POINTS**
JUIN 2003

SUJET

PROBLÈME

Les deux parties de ce problème sont totalement indépendantes.

✪ Première partie

Les élèves d'une classe de troisième ont eu deux notes sur 20 en mathématiques au cours du premier trimestre.
La première note a été obtenue à un contrôle : on l'appelle x.
La deuxième note a été obtenue à un devoir : on l'appelle y.
Le professeur fait la moyenne pondérée M de ces deux notes :

$$M = \frac{3x + 2y}{5}$$

On dit que x est affecté du coefficient 3 et y du coefficient 2.

▶ 1. Dorian a eu 12 en contrôle et 15 en devoir. Calculer la moyenne pondérée de Dorian.

▶ 2. Lucie a eu 12,5 en devoir.
Montrer que sa moyenne pondérée peut alors être calculée par la formule : $M = 0{,}6x + 5$.

▶ 3. On considère la fonction affine suivante :
$f : x \mapsto 0{,}6x + 5$
Dans un repère orthonormé (O, I, J) avec OI = OJ = 0,5 cm, tracer la droite (*d*) qui représente la fonction *f*.
On se limitera à des valeurs de x comprises entre 0 et 20.
Les calculs nécessaires doivent figurer sur la copie.

▶ 4. On cherche la note de contrôle x qui a permis à Lucie d'obtenir une moyenne pondérée de 14.
a) Déterminer graphiquement la valeur de x en faisant apparaître sur le graphique les constructions utiles.
b) Retrouver ce résultat par le calcul.

▶ 5. Lucie se demande si elle aurait pu obtenir une moyenne pondérée supérieure ou égale à 17.
Après avoir traduit ce problème par une inéquation, déterminer quelles notes elle aurait dû obtenir en contrôle pour cela.

✪ Deuxième partie

Après les avoir arrondies, le professeur dresse un tableau des moyennes obtenues par les élèves de sa classe au premier trimestre.

Moyennes sur 20	5	6	7	8	9	10	11	12	13	14	15	16	17	18	19
Nombre d'élèves ayant la note indiquée au-dessus	1	1	2	2	1	4	2	1	0	2	2	1	1	2	1

▶ 1. Représenter cette série par un diagramme en bâtons (1 cm pour un point en abscisse, et 2 cm pour un élève en ordonnée).

▶ 2. Quel est le nombre d'élèves dans la classe ?

▶ 3. Calculer la moyenne de la classe pour ce trimestre (arrondir au dixième).

▶ 4. Quelle est la médiane de cette série de notes ?

▶ 5. Quel pourcentage d'élèves a obtenu une moyenne inférieure strictement à 9 ? (Arrondir au dixième.)

CORRIGÉ

✪ Première partie

▶ **1.** Notons M' la moyenne pondérée de Dorian.

$$M' = \frac{3 \times 12 + 2 \times 15}{5}$$

$$\boxed{M' = 13{,}2}$$

▶ **2.** Notons M la moyenne pondérée de Lucie.

$$M = \frac{3x + 2 \times 12{,}5}{5} = \frac{3}{5}x + 5$$

$$\boxed{M = 0{,}6x + 5}$$

▶ **3.** La droite (*d*) qui représente la fonction *f* définie par $f(x) = 0{,}6x + 5$ passe par les points $P_1(0\,;\,5)$ et $P_2(20\,;\,17)$. En effet, $f(0) = 5$ et $f(20) = 17$.

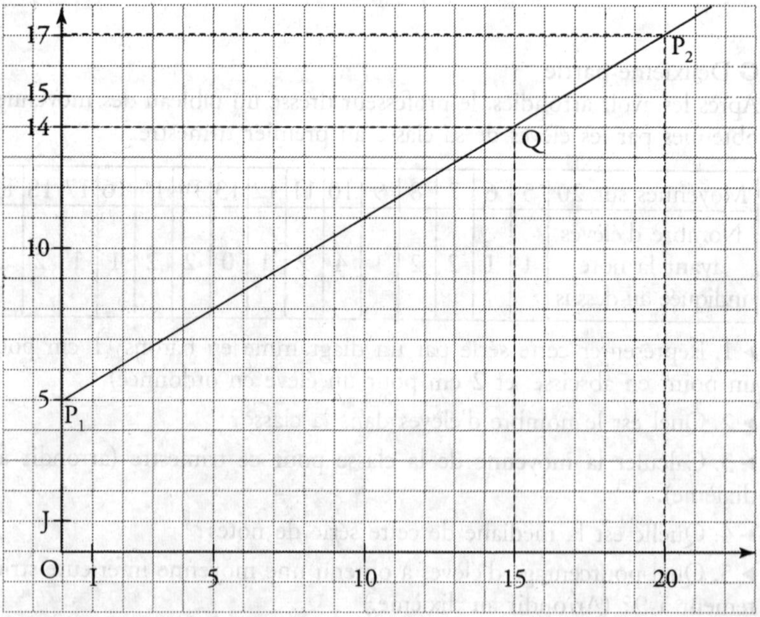

▶ **4.** *a)* Nous lisons sur le graphe que le point Q situé sur la droite (*d*) et d'ordonnée 14 a pour abscisse 15.

Conclusion : Lucie a obtenu la note 15 à son contrôle.

b) Retrouvons ce résultat par le calcul. Il convient de calculer x sachant que M = 14.

$14 = 0{,}6x + 5$

$0{,}6x = 14 - 5$

$0{,}6x = 9$

$x = \dfrac{9}{0{,}6}$

$\boxed{x = 15}$

▶ **5.** Lucie aurait obtenu une moyenne pondérée supérieure ou égale à 17 si l'on avait eu :

$0{,}6x + 5 \geqslant 17$

$0{,}6x \geqslant 17 - 5$

$0{,}6x \geqslant 12$

$x \geqslant \dfrac{12}{0{,}6}$

$x \geqslant 20$

Les contrôles étant notés sur 20, nous pouvons dire que Lucie aurait obtenu une moyenne pondérée supérieure ou égale à 17 uniquement dans le cas où elle aurait obtenu la note 20 à son contrôle.

✪ Deuxième partie

▶ **1.** Diagramme en bâtons.

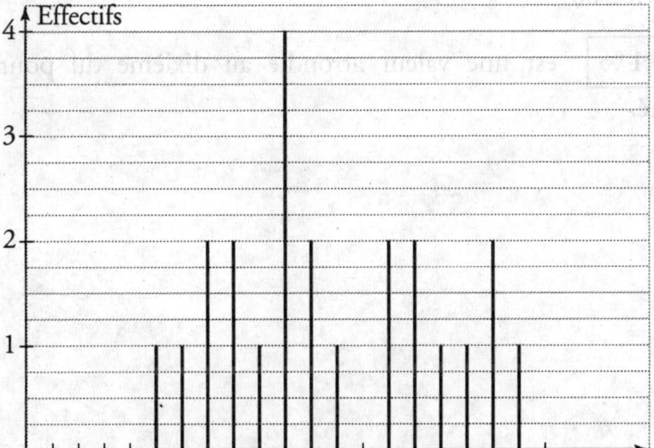

▶ 2. Notons N le nombre d'élèves dans la classe.
N s'obtient en additionnant tous les chiffres de la seconde ligne du tableau.

$\boxed{N = 23}$

▶ 3. Notons m la moyenne de la classe.

$$m = \frac{5\times1+6\times1+7\times2+8\times2+9\times1+\ldots+15\times2+16\times1+17\times1+18\times2+19\times1}{23}$$

$$m = \frac{270}{23}$$

$\boxed{m = 11,7}$ est une valeur arrondie au dixième de la moyenne de la classe.

▶ 4. Notons m' la médiane de la série de notes.
Nous savons que la médiane d'une série statistique rangée par ordre croissant (par exemple) et comportant un nombre impair de données est la valeur qui partage la série statistique en deux séries de même effectif. Dans le tableau, les notes sont rangées par ordre croissant.
On remarque que 11 élèves ont obtenu une moyenne inférieure ou égale à 10, un élève a obtenu 11 de moyenne et enfin 11 autres élèves ont obtenu une moyenne supérieure ou égale à 11.

$\boxed{m' = 11}$

▶ 5. Notons p le pourcentage cherché.
Nous remarquons que 6 élèves sur 23 ont obtenu une moyenne strictement inférieure à 9.

$$p = \frac{6}{23} \times 100$$

$\boxed{p = 26,1\,\%}$ est une valeur arrondie au dixième du pourcentage recherché.

SUJET

EXERCICE 1

$$A = 1 - \left(\frac{2}{3} + \frac{1}{4}\right) \qquad B = \frac{3 - \frac{5}{2}}{1 + \frac{1}{5}}$$

▶ **1.** En faisant apparaître les différentes étapes de calcul, écrire A et B sous la forme d'une fraction irréductible.

▶ **2.** Calculer les quatre cinquièmes de $\frac{35}{8}$.

On appellera C le résultat donné sous forme de fraction irréductible.

▶ **3.** Montrer que la somme A + B + C est un nombre entier.

EXERCICE 2

▶ **1.** En faisant apparaître les étapes, calculer et donner l'écriture scientifique de :

$$D = \frac{2 \times 10^3 \times 5 \times (10^{-5})^2}{2 + 18}$$

▶ **2.** *a)* $E = 2\sqrt{27} + \sqrt{18} \times \sqrt{6}$

Calculer et écrire E sous la forme $a\sqrt{3}$ (*a* entier relatif).

b) $F = (\sqrt{2} - 4)(2 + 4\sqrt{2})$

Calculer et écrire F sous la forme $b\sqrt{2}$ (*b* entier relatif).

EXERCICE 3

Soit l'expression : $P = (2x - 1)^2 - 16$.

▶ **1.** Calculer P pour $x = \frac{1}{2}$.

▶ 2. Factoriser P.

▶ 3. Résoudre l'équation : $(2x - 5)(2x + 3) = 0$.

EXERCICE 4

Les deux questions posées dans cet exercice sont indépendantes.

6 510 fourmis noires et 4 650 fourmis rouges décident de s'allier pour combattre les termites.

▶ 1. Pour cela, la reine des fourmis souhaite constituer, en utilisant toutes les fourmis, des équipes qui seront toutes composées de la même façon : un nombre de fourmis rouges et un autre nombre de fourmis noires.
Quel est le nombre maximal d'équipes que la reine peut ainsi former?

▶ 2. Si toutes les fourmis, rouges et noires, se placent en file indienne, elles forment une colonne de 42,78 m de long.
Sachant qu'une fourmi rouge mesure 2 mm de plus qu'une fourmi noire, déterminer la taille d'une fourmi rouge et celle d'une fourmi noire.

CORRIGÉ

EXERCICE 1

▶ 1. • Calculons : $A = 1 - \left(\frac{2}{3} + \frac{1}{4}\right)$.

Effectuons d'abord le calcul à l'intérieur des parenthèses.
Pour additionner deux fractions, on les réduit au même dénominateur, puis on additionne les numérateurs entre eux et on conserve le dénominateur commun.

$A = 1 - \left(\frac{8}{12} + \frac{3}{12}\right)$

$A = 1 - \frac{11}{12}$

$A = \frac{12}{12} - \frac{11}{12}$ $\boxed{A = \frac{1}{12}}$

• Calculons : $B = \dfrac{3 - \dfrac{5}{2}}{1 + \dfrac{1}{5}}$.

$$B = \frac{\frac{6}{2} - \frac{5}{2}}{\frac{5}{5} + \frac{1}{5}} \qquad B = \frac{\frac{1}{2}}{\frac{6}{5}}$$

Pour diviser deux fractions, on multiplie la fraction numérateur par l'inverse de la fraction dénominateur.

$$B = \frac{1}{2} \times \frac{5}{6}$$

$$\boxed{B = \frac{5}{12}}$$

▶ **2.** Notons C le nombre demandé.

$$C = \frac{4}{5} \times \frac{35}{8}$$

Simplifions C.

$$C = \frac{1}{1} \times \frac{7}{2} \qquad \boxed{C = \frac{7}{2}}$$

▶ **3.** Calculons :

$$A + B + C = \frac{1}{12} + \frac{5}{12} + \frac{7}{2}$$

$$A + B + C = \frac{6}{12} + \frac{7}{2}$$

$$A + B + C = \frac{1}{2} + \frac{7}{2} = \frac{8}{2}$$

$$\boxed{A + B + C = 4}$$

Le résultat trouvé est bien un entier.

EXERCICE 2

▶ **1.** Calculons : $D = \dfrac{2 \times 10^3 \times 5 \times (10^{-5})^2}{2 + 18}$.

CORRIGÉ

Nous savons que
$(a^m)^n = a^{m \times n}$ et $a^m \times a^n = a^{m+n}$

$$D = \frac{2 \times 10^3 \times 5 \times 10^{-10}}{20}$$

$$D = \frac{10^{-7}}{2} = 0,5 \times 10^{-7}$$

$$\boxed{D = 5 \times 10^{-8}}$$

D est donné ici en écriture scientifique.

▶ **2.** *a)* Calculons : $E = 2\sqrt{27} + \sqrt{18} \times \sqrt{6}$.

$$E = 2\sqrt{3^2 \times 3} + \sqrt{3^2 \times 2} \times \sqrt{6}$$

$$E = 6\sqrt{3} + 3\sqrt{2} \times \sqrt{6}$$

Or $\sqrt{6} = \sqrt{2} \times \sqrt{3}$, car nous savons que $\sqrt{a} \times \sqrt{b} = \sqrt{a \times b}$ avec a et b positifs.

$$E = 6\sqrt{3} + 3\sqrt{2} \times \left(\sqrt{2} \times \sqrt{3}\right)$$

$$E = 6\sqrt{3} + 6\sqrt{3}$$

$$\boxed{E = 12\sqrt{3}}$$

b) Calculons : $F = \left(\sqrt{2} - 4\right)\left(2 + 4\sqrt{2}\right)$.

$$F = 2\sqrt{2} - 8 + 4 \times 2 - 16\sqrt{2}$$

$$\boxed{F = -14\sqrt{2}}$$

EXERCICE 3

▶ **1.** Lorsque $x = \frac{1}{2}$, alors :

$$P = \left(2 \times \frac{1}{2} - 1\right)^2 - 16$$

$$P = (1 - 1)^2 - 16$$

$$\boxed{P = -16}$$

▶ 2. Factorisons P.
Pour ce faire, utilisons l'identité remarquable $a^2 - b^2 = (a + b)(a - b)$.
$P = (2x - 1)^2 - (4)^2$
$P = (2x - 1 + 4)(2x - 1 - 4)$
$\boxed{P = (2x + 3)(2x - 5)}$

▶ 3. Résolvons l'équation $(2x - 5)(2x + 3) = 0$.
Puisque le produit de facteurs est nul, alors l'un au moins des facteurs est nul.

$2x - 5 = 0$ soit $x = \dfrac{5}{2}$

ou $2x + 3 = 0$ soit $x = -\dfrac{3}{2}$

Conclusion : $\dfrac{5}{2}$ et $-\dfrac{3}{2}$ sont les solutions de l'équation.

EXERCICE 4

▶ 1. Calculons le PGCD des nombres 6 510 et 4 650 en utilisant l'algorithme d'Euclide.
$6\,510 = 1 \times 4\,650 + 1\,860$
$4\,650 = 2 \times 1\,860 + 930$
$1\,860 = 2 \times 930 + 0$
Le dernier reste non nul est 930.
Le PGCD des nombres 6 510 et 4 650 est donc 930.

Conclusion : La reine peut former 930 équipes au maximum. De plus, nous remarquons que $6\,510 = 7 \times 930$ et $4\,650 = 5 \times 930$. Chaque équipe sera composée de 7 fourmis noires et de 5 fourmis rouges.

▶ 2. Notons x la taille d'une fourmi noire et y celle d'une fourmi rouge. L'énoncé se traduit alors par un système de deux équations à deux inconnues.

$$\begin{cases} y = x + 2 & (1) \\ 6\,510x + 4\,650y = 42\,780 & (2) \end{cases}$$

Les longueurs sont toutes exprimées dans ce système en millimètres.

CORRIGÉ

Divisons chaque membre de l'équation (2) par 930. Le système devient :

$$\begin{cases} y = x + 2 & (1') \\ 7x + 5y = 46 & (2') \end{cases}$$

Résolvons par substitution. Nous trouvons :

$7x + 5(x + 2) = 46$

$7x + 5x + 10 = 46$

$12x = 36$

$x = 3$

Alors $y = 3 + 2$ soit $y = 5$

Conclusion : Une fourmi noire a une taille de 3 mm, tandis qu'une fourmi rouge a une taille de 5 mm.

11 AMÉRIQUE DU NORD JUIN 2003 — 12 POINTS

SUJET

PROBLÈME

Les deux parties sont indépendantes.

Les représentations graphiques dans la seconde partie seront effectuées sur papier millimétré.

Un industriel est spécialisé dans la fabrication de pieds de lampes. Il crée un nouveau modèle sous la forme d'une sphère tronquée.

✪ Première partie

La sphère a pour centre I et pour rayon $r = 10$ cm.
[LL'] est un diamètre de la sphère.
H est un point de [LL'] tel que IH = 8 cm.

Un plan passant par H et perpendiculaire à [LL'] coupe cette sphère.

▶ 1. Quelle est la nature de la section ? (On ne demande pas de justification.)

▶ 2. Quelle est la nature du triangle IHM ? (On ne demande pas de justification.)

▶ 3. En déduire HM.

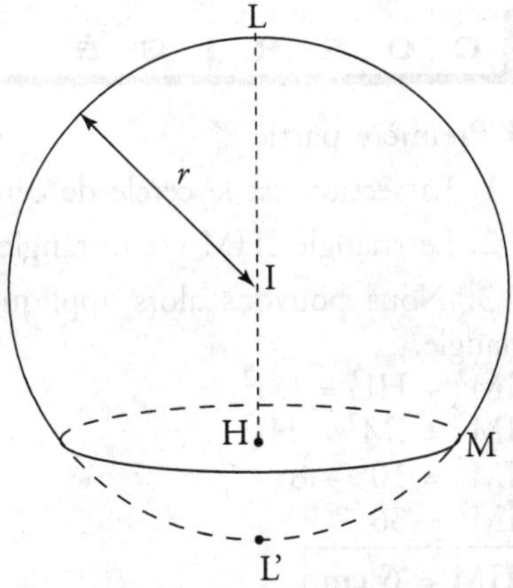

✪ **Deuxième partie**

L'industriel reçoit des commandes de différentes régions de France. Pour la livraison des produits, il s'adresse alors à deux sociétés de transport et compare leurs tarifs.

Tarif 1 : 3,5 € par km parcouru.

Tarif 2 : 2 € par km parcouru avec en plus un forfait fixe de 150 €.

Soit y_1 le prix (en €) du transport avec le tarif 1 pour x km parcourus.

Soit y_2 le prix (en €) du transport avec le tarif 2 pour x km parcourus.

▶ 1. *a)* Compléter le tableau suivant :

x (km)	50	150	300
y_1(€)		525	
y_2(€)	250		

b) Quel est le tarif le plus avantageux pour 50 km parcourus ? Et pour 300 km parcourus ?

▶ 2. Plus généralement, on obtient donc : $y_1 = 3{,}5x$.

Exprimer de même y_2 en fonction de x.

▶ 3. Tracer sur une feuille de papier millimétré la droite (d_1) représentant la fonction : $x \mapsto 3{,}5x$ et la droite (d_2) représentant la fonction : $x \mapsto 2x + 150$ dans le plan muni d'un repère orthogonal.

On prendra sur l'axe des abscisses 1 cm pour représenter 25 km, et sur l'axe des ordonnées 1 cm pour représenter 50 €.

Pour des raisons pratiques, prendre l'origine du repère en bas à gauche de la feuille de papier millimétré.

▶ 4. Déterminer graphiquement le nombre de kilomètres à partir duquel il est plus avantageux pour l'industriel de choisir le tarif 2. (On laissera visibles les pointillés nécessaires à la lecture graphique.)

CORRIGÉ

✪ Première partie

▶ **1.** La section est le cercle de centre H et de rayon [HM].

▶ **2.** Le triangle IHM est rectangle en H.

▶ **3.** Nous pouvons alors appliquer le théorème de Pythagore à ce triangle.

$HM^2 + HI^2 = IM^2$

$HM^2 = IM^2 - HI^2$

$HM^2 = 10^2 - 8^2$

$HM^2 = 36$

HM = 6 cm

✪ Deuxième partie

▶ **1.** *a)*

x (km)	50	150	300
y_1(€)	175	525	1 050
y_2(€)	250	450	750

b) D'après le tableau ci-dessus :

- le tarif 1 est plus avantageux pour 50 km parcourus ;
- le tarif 2 est plus avantageux pour 300 km parcourus.

▶ **2.** Il est évident que $y_2 = 2x + 150$.

▶ **3.** La droite (d_1) représentative de la fonction : $x \mapsto 3{,}5x$ passe par l'origine O du repère et par le point $P_1(300 ; 1\,050)$.
La droite (d_2) représentative de la fonction : $x \mapsto 2x + 150$ passe par les points $Q_1(0 ; 150)$ et $Q_2(300 ; 750)$.

▶ **4.** Nous remarquons que les droites (d_1) et (d_2) se coupent en un point T. Graphiquement, nous lisons T(100 ; 350).

Lorsque $x > 100$, la droite (d_2) est au-dessous de la droite (d_1) ; alors le tarif 2 est plus avantageux pour l'industriel.

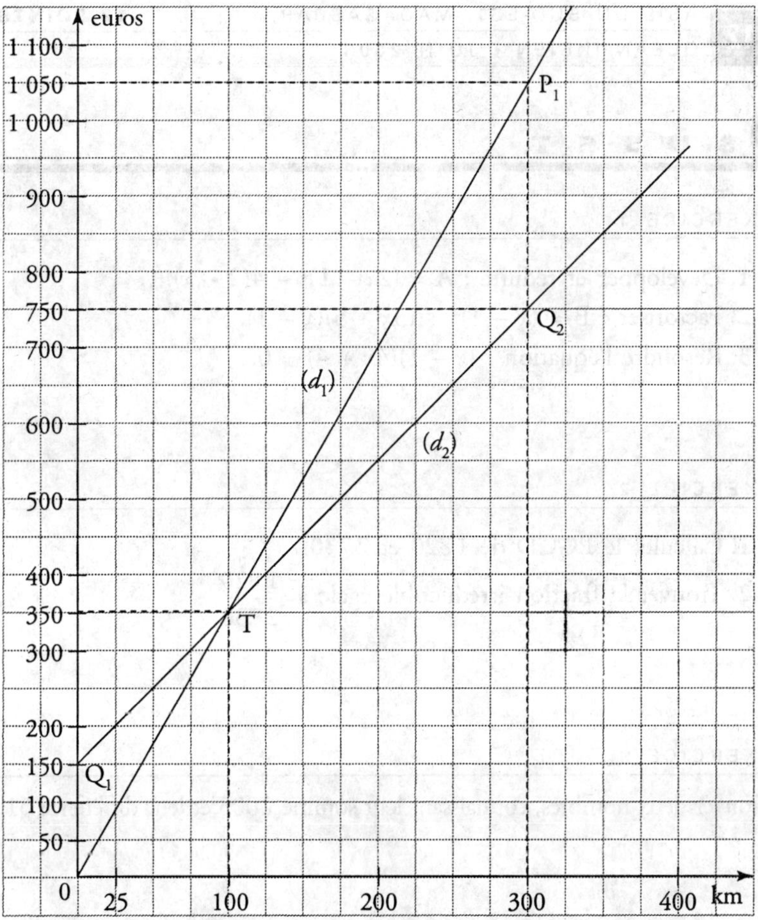
euros
1 100
1 050
1 000
900
800
750
700
600
500
400
350
300
200
150
100
50
0
25
100
200
300
400
km
P1
Q2
(d1)
(d2)
T
Q1

CORRIGÉ

12 ASIE DU SUD-EST, MADAGASCAR, OCÉAN INDIEN • JUIN 2003 — 12 POINTS

SUJET

EXERCICE 1

▶ **1.** Développer et réduire : $A = (2x - 1)^2 - 4(2 - x)$.

▶ **2.** Factoriser : $B = (x - 1)^2 + (3x + 5)(x - 1)$.

▶ **3.** Résoudre l'équation : $(x - 1)(4x + 4) = 0$.

EXERCICE 2

▶ **1.** Calculer le PGCD de 1 820 et 2 730.

▶ **2.** Trouver la fraction irréductible égale à $\dfrac{1\,820}{2\,730}$.

EXERCICE 3

Trouver deux nombres, connaissant leur somme 2003 et leur différence 51.

EXERCICE 4

On a mesuré, lors d'un stage, de jeunes basketteurs. Les tailles, en cm, sont les suivantes :

165	175	187	165	170
181	174	184	171	166
178	177	176	174	176

▶ **1.** Calculer la taille moyenne de ces basketteurs.

▶ **2.** Quelle est la taille médiane de ces sportifs ? Justifier.

CORRIGÉ

EXERCICE 1

▶ **1.** Développons puis réduisons $A = (2x - 1)^2 - 4(2 - x)$.
Pour ce faire, utilisons l'identité remarquable $(a - b)^2 = a^2 - 2ab + b^2$.
$A = (4x^2 - 4x + 1) - (8 - 4x)$
$A = 4x^2 - 4x + 1 - 8 + 4x$

$$\boxed{A = 4x^2 - 7}$$

▶ **2.** Factorisons $B = (x - 1)^2 + (3x + 5)(x - 1)$.
Mettons $(x - 1)$ en facteur.
$E = (x - 1)[(x - 1) + (3x + 5)]$
$E = (x - 1)(4x + 4)$

$$\boxed{E = 4(x - 1)(x + 1)}$$

▶ **3.** Résolvons l'équation $(x - 1)(4x + 4) = 0$.
Puisque nous avons un produit de facteurs nul, alors l'un au moins des facteurs est nul.
$x - 1 = 0$ soit $x = 1$
ou $4x + 4 = 0$ soit $x = -1$
Conclusion : – 1 et + 1 sont les solutions de l'équation.

EXERCICE 2

▶ **1.** Calculons le PGCD des deux nombres 1 820 et 2 730. Utilisons l'algorithme d'Euclide.
$2730 = 1 \times 1820 + 910$
$1820 = 2 \times 910 + 0$
Le dernier reste non nul est 910.
Conclusion : 910 est le PGCD des deux nombres 1 820 et 2 730.

▶ **2.** Nous pouvons remarquer que $1820 = 2 \times 910$ et $2730 = 3 \times 910$.
Posons $F = \frac{1820}{2730}$

$$F = \frac{2 \times 910}{3 \times 910}$$

$\boxed{F = \frac{2}{3}}$ est une fraction irréductible.

EXERCICE 3

Notons x et y les deux nombres cherchés, x étant le plus petit des deux.
L'énoncé permet d'écrire le système de deux équations à deux inconnues suivant :

$$\begin{cases} x + y = 2\,003 & (1) \\ x - y = 51 & (2) \end{cases}$$

Additionnons membre à membre les deux équations. Il vient :
$2x = 2\,054$ $\quad x = 1\,027$
Remplaçons x par 1 027 dans (1) par exemple. Il vient :
$1\,027 + y = 2\,003$
$y = 2\,003 - 1\,027$ $\quad y = 976$
Conclusion : Les deux nombres cherchés sont 976 et 1 027.

EXERCICE 4

▶ **1.** Notons m la taille moyenne des basketteurs.
L'effectif total des basketteurs est égal à 15.

$$m = \frac{165 + 175 + 187 + 165 + 170 + 181 + 174 + 184 + 171 + 166 + 178 + 177 + 176 + 174 + 176}{15}$$

$$m = \frac{2\,619}{15} \qquad \boxed{m = 174{,}6 \text{ cm}}$$

▶ **2.** Notons M la taille médiane des basketteurs.
Nous savons que la médiane d'une série statistique rangée par ordre croissant (par exemple) et comportant un nombre impair de données est la valeur qui partage la série statistique en deux séries de même effectif.
Rangeons les différentes tailles par ordre croissant :
165 165 166 170 171 174 174 175 176 176 177
178 181 184 187
Il existe 7 basketteurs dont la taille est strictement inférieure à 175 cm tandis qu'il existe 7 basketteurs dont la taille est strictement supérieure à 175 cm.
Conclusion : M = 175 cm

SUJET

Tous les calculs doivent être détaillés.

EXERCICE 1

▶ **1.** Effectuer les quatre calculs suivants; chaque résultat sera donné sous la forme d'un entier :

Calcul 1 $\dfrac{3{,}9 \times (10^{-2})^2}{3 \times 10^{-5}}$

Calcul 2 Trouver le plus grand diviseur commun de 35 et 12.

Calcul 3 $\left(2 + \dfrac{2}{3}\right) : \left(\dfrac{4}{5} - \dfrac{2}{3}\right)$

Calcul 4 $4 \times \dfrac{\sqrt{24}}{\sqrt{6}}$

▶ **2.** On construit un codage de la façon suivante :

Nombres entiers	1	2	…	…	…	26
Codes	A	B	…	…	…	Z

a) Quel est le code de 13?

b) Quel est le mot formé en codant les quatre résultats de la première question? Si les calculs sont exacts, on doit retrouver un mot de circonstance.

EXERCICE 2

Un magasin spécialisé dans la vente d'accessoires automobiles vend un modèle de pneu à 120 € l'unité.

Au cours d'une promotion, il décide de faire une remise de 25 % sur l'achat de chaque pneu.

Son affiche publicitaire affirme : « Le quatrième pneu est gratuit. » Est-ce exact? Justifier.

EXERCICE 3

Marie et Anne pratiquent l'équitation.

Marie a pris pendant un trimestre 16 heures de leçons et a fait 3 stages d'une journée chacun. Marie a payé 344 €.

Pendant le même trimestre, Anne a pris 18 heures de leçons et a fait seulement 2 stages d'une journée chacun. Anne a payé 332 €. Déterminer le prix d'une heure de leçon et celui d'une journée de stage.

EXERCICE 4

On donne l'expression : A = $(x - 3)(x + 3) - 2(x - 3)$.

▶ 1. Factoriser A.

▶ 2. Développer et réduire A.

▶ 3. En choisissant l'expression de A la plus adaptée parmi celles trouvées aux questions 1. et 2., déterminer la valeur de A pour $x = -1$ et pour $x = 0$.

▶ 4. Résoudre l'équation : $(x - 3)(x + 1) = 0$.

CORRIGÉ

EXERCICE 1

▶ 1. Effectuons les différents calculs proposés.

• $A = \dfrac{3{,}9 \times \left(10^{-2}\right)^2}{3 \times 10^{-5}}$

Nous savons que $(a^m)^n = a^{m \times n}$ et $\dfrac{a^m}{a^n} = a^{m-n}$

$A = \dfrac{3{,}9 \times 10^{-4}}{3 \times 10^{-5}}$

$A = 1{,}3 \times 10^{-4+5}$

$A = 1{,}3 \times 10$ $\boxed{A = 13}$

• Notons D le PGCD des nombres 35 et 12. Calculons D en utilisant l'algorithme d'Ecuclide.

$35 = 2 \times 12 + 11$

$12 = 1 \times 11 + 1$

$11 = 1 \times 11 + 0$

Le dernier reste non nul est égal à 1. Les deux nombres 35 et 12 sont premiers entre eux et leur PGCD vaut 1.

$\boxed{D = 1}$

CORRIGÉ

• $C = \left(2 + \dfrac{2}{3}\right) : \left(\dfrac{4}{5} - \dfrac{2}{3}\right)$

Effectuons d'abord les calculs situés à l'intérieur des parenthèses.

$C = \left(\dfrac{6}{3} + \dfrac{2}{3}\right) : \left(\dfrac{12}{15} - \dfrac{10}{15}\right)$

$C = \dfrac{8}{3} : \dfrac{2}{15}$

Pour diviser deux fractions, on multiple la fraction numérateur par l'inverse de la fraction dénominateur.

$C = \dfrac{8}{3} \times \dfrac{15}{2}$ **$C = 20$**

• $E = \dfrac{4\sqrt{24}}{\sqrt{6}}$

Nous savons que $\sqrt{a \times b} = \sqrt{a} \times \sqrt{b}$, avec a et b positifs.

$\sqrt{24} = \sqrt{4} \times \sqrt{6} = 2\sqrt{6}$

$E = \dfrac{4 \times 2\sqrt{6}}{\sqrt{6}}$ **$E = 8$**

▶ **2.** *a)* Le code de 13 est donc la treizième lettre de l'alphabet, c'est-à-dire M.

b) Pour les mêmes raisons, on peut affirmer que :
• le code de 1 est A ;
• le code de 20 est T ;
• le code de 8 est H.

Le mot « de circonstance » est MATH.

EXERCICE 2

Une remise de 25 % sur le prix d'un pneu, c'est-à-dire sur 120 euros, correspond à une remise de $\dfrac{25}{100} \times 120$ euros, soit 30 euros.

En promotion, un pneu coûte donc 90 euros.

Soit P_1 le prix, hors promotion, de 3 pneus.

$P_1 = 3 \times 120 = 360$ euros

Soit P_2 le prix, lors de la promotion, de 4 pneus.
$P_2 = 4 \times 90 = 360$ euros
Il est évident que $P_1 = P_2$.
Donc 4 pneus pendant la promotion coûtent le même prix que 3 pneus hors promotion.
Donc, lors de la promotion, « le quatrième pneu est gratuit ».

EXERCICE 3

Soient x et y les prix respectifs d'une heure de leçon et d'une journée de stage.
L'énoncé permet d'écrire le système de deux équations à deux inconnues suivant :

$$\begin{cases} 16x + 3y = 344 & (1) \\ 18x + 2y = 332 & (2) \end{cases}$$

Multiplions chaque membre de l'équation (1) par 2 et chaque membre de l'équation (2) par – 3. Il vient :

$$\begin{cases} 32x + 6y = 688 & (1') \\ -54x - 6y = -996 & (2') \end{cases}$$

Additionnons membre à membre.
$-22x = -308$

$$x = \frac{-308}{-22} = 14$$

Remplaçons x par 14 dans l'équation (1') par exemple.
$32 \times 14 + 6y = 688$
$6y = 688 - 448$

$6y = 240 \qquad y = \frac{240}{6} = 40$

Conclusion : Une heure de leçon coûte 14 euros tandis qu'une journée de stage coûte 40 euros.

EXERCICE 4

▶ **1.** Factorisons A. Pour ce faire, mettons $(x - 3)$ en facteur.
$A = (x - 3)\,[(x + 3) - 2]$ $\qquad \boxed{A = (x - 3)(x + 1)}$

▶ 2. Développons puis réduisons A.
Pour ce faire, utilisons l'identité remarquable $(a - b)(a + b) = a^2 - b^2$.
$A = x^2 - 9 - 2x + 6$

$$\boxed{A = x^2 - 2x - 3}$$

▶ 3. Pour calculer A lorsque $x = -1$, prenons l'expression de A obtenue à la question 1.
Alors nous remarquons que $x + 1 = 0$. L'un des facteurs de A est nul, donc :

$$\boxed{A = 0}$$

Pour calculer A lorsque $x = 0$, prenons l'expression de A obtenue à la question 2.

$$\boxed{A = -3}$$

▶ 4. Résolvons l'équation $(x - 3)(x + 1) = 0$.
Puisque nous avons un produit de facteurs nul, alors l'un au moins des facteurs est nul.
$x - 3 = 0$ soit $x = 3$
ou $x + 1 = 0$ soit $x = -1$
Conclusion : -1 et 3 sont les solutions de l'équation.

14 CENTRES ÉTRANGERS : GROUPEMENTS EST **12 POINTS**
JUIN 2003

SUJET

PROBLÈME

La deuxième partie peut être traitée indépendamment de la première.

Au cross du collège, les garçons et les filles courent en même temps sur le même parcours. Les garçons doivent parcourir 2 km. Les filles partent à 300 mètres du point de départ des garçons sur le parcours.

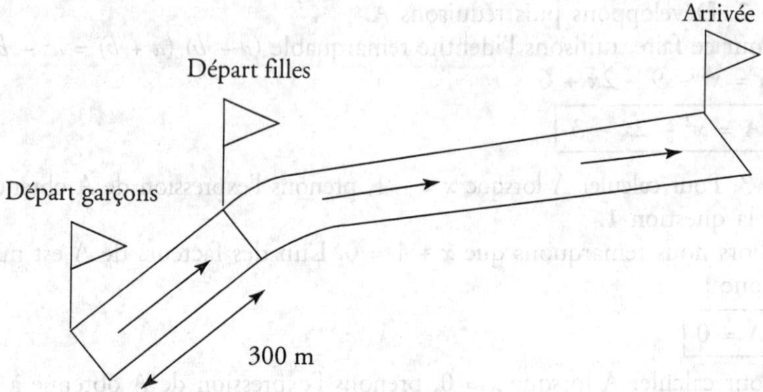

✪ **Première partie**

Marc fait le parcours des garçons à la vitesse constante de 15 km·h^{-1}. Cécile fait le parcours des filles à la vitesse constante de 12 km·h^{-1}. Marc et Cécile partent en même temps.

▶ **1.** Montrer que Marc parcourt 250 mètres par minute. On dira qu'il court à la vitesse de 250 m·min^{-1}.
Montrer que Cécile court à la vitesse de 200 m·min^{-1}.

▶ **2.** À quelle distance du départ des garçons se trouvent Marc et Cécile quand ils ont couru pendant 5 minutes ?

▶ **3.** Depuis le départ, Marc et Cécile ont couru pendant x minutes.
a) À quelle distance du départ des garçons se trouve Marc quand il a couru pendant x minutes ?
b) Montrer que la distance en mètres qui sépare Cécile du point de départ des garçons au bout de x minutes est $200x + 300$.

▶ **4.** Sur une feuille de papier millimétré, construire un repère orthogonal ; placer l'origine en bas à gauche et choisir comme unité 1 cm pour 1 mm sur l'axe des abscisses, et 1 cm pour 100 m sur l'axe des ordonnées.
Tracer les représentations graphiques des fonctions f et g définies par :
$f : x \mapsto 250x$ et $g : x \mapsto 200x + 300$

▶ 5. Par des lectures graphiques, justifiées en faisant apparaître les tracés indispensables, répondre aux questions suivantes :

a) Au bout de combien de temps Marc aura-t-il rattrapé Cécile ?

b) À quelle distance du départ des garçons Marc et Cécile seront-ils à cet instant ?

▶ **6.** *a)* Résoudre l'équation : $250x = 200x + 300$.

b) Déterminer par le calcul les réponses aux questions posées en **5**.

✪ Deuxième partie

Les professeurs d'éducation physique et sportive du collège relèvent le « temps » mis par chaque élève pour faire le cross. Pour présenter les résultats de l'ensemble des participants, ils ont tracé ce graphique :

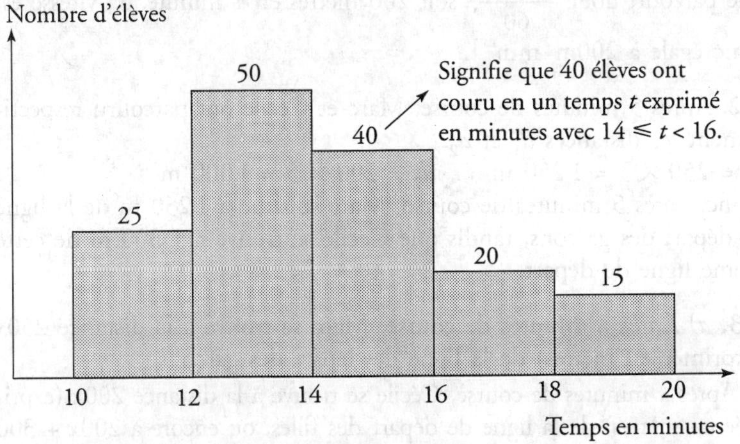

En se servant de ce graphique :

▶ **1.** Calculer l'effectif total des participants au cross.

▶ **2.** Trouver combien d'élèves ont mis moins de 16 minutes pour faire le cross.

▶ **3.** Calculer le temps moyen mis par les élèves pour faire ce cross. Donner le résultat en minutes et secondes.

Aide : On rappelle que pour des effectifs répartis en classes, on utilise le centre de chaque classe pour calculer la moyenne. C'est-à-dire que pour la première classe, par exemple, on considérera que les 25 élèves ont tous mis 11 minutes pour faire le cross.

▶ **4.** Au bout de combien de temps est-on assuré que la moitié des élèves sont arrivés ?

CORRIGÉ

PROBLÈME

✪ Première partie

▶ 1. Puisque Marc effectue le parcours à la vitesse constante de 15 km · h^{-1}, cela signifie qu'il parcourt 15 000 mètres en 60 minutes.

Il parcourt donc $\frac{15\,000}{60}$, soit 250 mètres en 1 minute.

De même, Cécile effectue le parcours à la vitesse constante de 12 km · h^{-1}, cela signifie qu'elle parcourt 12 000 mètres en 60 minutes.

Elle parcourt donc $\frac{12\,000}{60}$, soit 200 mètres en 1 minute. Sa vitesse est donc égale à 200m · min^{-1}.

▶ 2. Après 5 minutes de course, Marc et Cécile ont parcouru respectivement les distances d_1 et d_2.
$d_1 = 250 \times 5 = 1\,250$ m $d_2 = 200 \times 5 = 1\,000$ m
Donc, après 5 minutes de course, Marc se situe à 1 250 m de la ligne de départ des garçons, tandis que Cécile se trouve à 1 300 m de cette même ligne de départ.

▶ 3. *a)* Après x minutes de course, Marc se trouve à la distance $250x$ (exprimée en mètres) de la ligne de départ des garçons.
b) Après x minutes de course, Cécile se trouve à la distance $200x$ (exprimée en mètres) de la ligne de départ des filles, ou encore à $200x + 300$ de la ligne de départ des garçons.

▶ 4. La représentation graphique de la fonction linéaire f est la droite (d_1) passant par l'origine O du repère et par le point $P_1(8\,;\,2\,000)$.
La représentation graphique de la fonction affine g est la droite (d_2) passant par les points $Q_1(0\,;\,300)$ et $Q_2(10\,;\,2\,300)$.
Voir représentation graphique page suivante.

▶ 5. *a)* Les droites (d_1) et (d_2) se coupent en un point A. Par lecture graphique, nous obtenons :
A(6 ; 1 500)
Au bout de 6 minutes, Marc aura rattrapé Cécile.
b) Au bout de 6 minutes, Marc et Cécile se trouvent à 1 500 m de la ligne de départ des garçons.

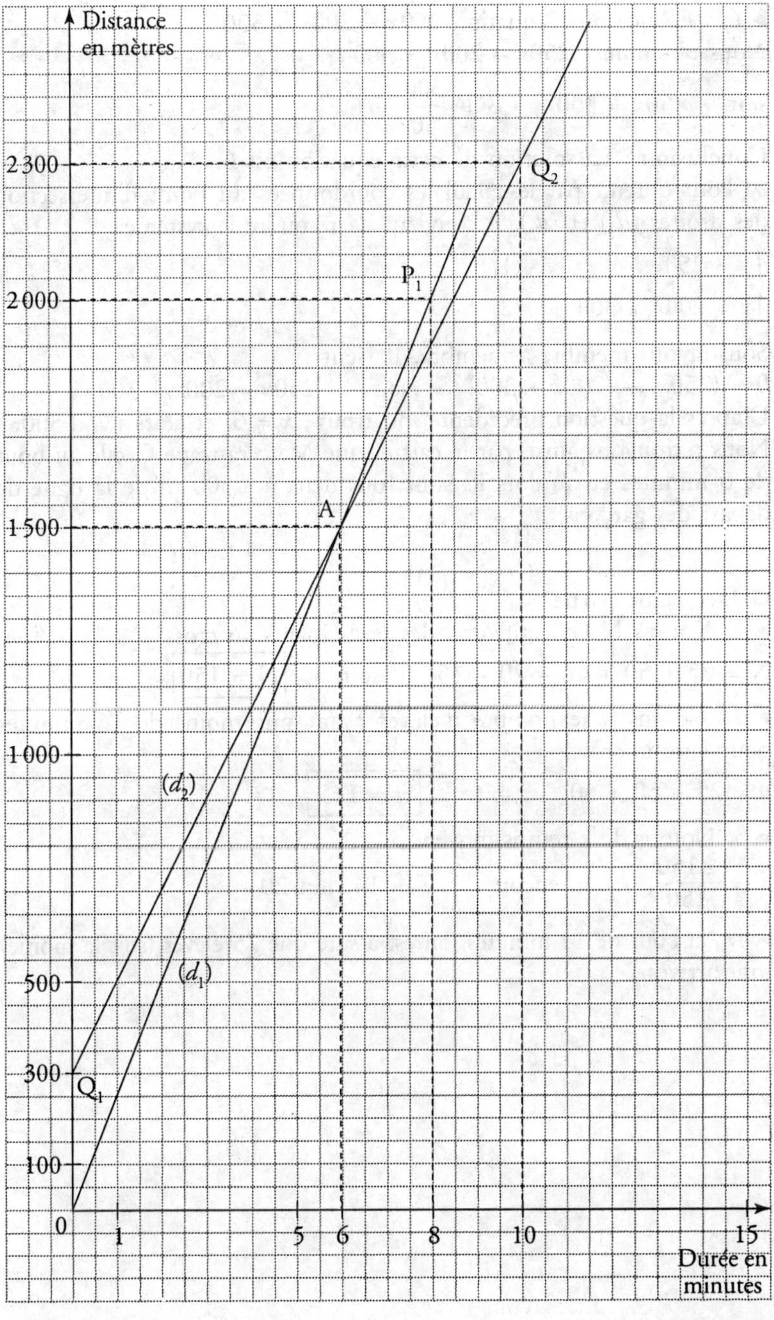
Distance
en mètres
2 300
2 000
1 500
1 000
500
300
100
0
1
5
6
8
10
15
Durée en
minutes
Q2
P1
A
(d2)
(d1)
Q1

▶ **6.** *a)* Résolvons l'équation $250x = 200x + 300$.
Nous obtenons : $250x - 200x = 300$

soit $50x = 300$ $x = \frac{300}{50} = 6$

Conclusion : La solution de cette équation est 6.
b) Pour obtenir par le calcul les coordonnées du point d'intersection des droites (d_1) et (d_2), il convient de résoudre le système :

$$\begin{cases} y = 250x & (1) \\ y = 200x + 300 & (2) \end{cases}$$

Soustrayons membre à membre. Il vient :
$0 = (250x) - (200x + 300)$ soit $250x = 200x + 300$
D'après la question précédente, on trouve $x = 6$, et alors $y = 1\,500$.
Nous retrouvons ainsi, par le calcul, que Marc rattrape Cécile au bout de 6 minutes et qu'alors ils sont tous deux à 1 500 m de la ligne de départ des garçons.

✪ Deuxième partie

▶ **1.** Notons N l'effectif total des participants au cross.
$N = 25 + 50 + 40 + 20 + 15$ soit $\boxed{N = 150}$

▶ **2.** Notons n le nombre d'élèves ayant mis moins de 16 minutes pour faire le cross.
$n = 25 + 50 + 40$ soit $\boxed{n = 115}$

▶ **3.** Notons T le temps moyen.
$T = \frac{2\,150}{150}$ ou encore $T = 14$ min 20 s

▶ **4.** Au bout de 14 minutes, on est assuré que 75 élèves (soit la moitié) sont arrivés.

SUJET

EXERCICE 1

▶ **1.** $A = \frac{4}{3} + \frac{1}{3} \times \frac{5}{2} - \frac{7}{18}$

Calculer A et donner le résultat sous forme d'une fraction irréductible.

▶ **2.** $B = \frac{3 \times 10^8 \times 4 \times 10^{-5}}{6 \times 10^7}$

Donner l'écriture décimale puis l'écriture scientifique de B.

▶ **3.** $C = 5\sqrt{12} - 9\sqrt{75} + 4\sqrt{27}$

Écrire C sous la forme $a\sqrt{b}$, où a et b sont des entiers, b étant le plus petit possible.

EXERCICE 2

$D = 36 - (3x + 5)^2$

▶ **1.** Développer puis réduire D.

▶ **2.** Calculer D pour $x = -2$, puis pour $x = \frac{1}{3}$.

▶ **3.** Factoriser D.

▶ **4.** Résoudre l'équation : $(1 - 3x)(3x + 11) = 0$.

EXERCICE 3

Le tableau ci-dessous donne la répartition, par âge, des élèves du club d'échecs d'un collège :

Âge des élèves	11	12	13	14	15
Nombre d'élèves	2	6	12	10	10

▶ **1.** Calculer l'effectif total du club.

▶ **2.** Calculer le pourcentage des élèves ayant moins de 13 ans dans ce club.

▶ **3.** La cotisation annuelle est de 5 € pour les élèves ayant moins de 13 ans et de 6 € pour les élèves de 13 ans et plus.
Calculer le montant total des cotisations du club.

CORRIGÉ

EXERCICE 1

▶ 1. Calculons A.

$$A = \frac{4}{3} + \frac{1}{3} \times \frac{5}{2} - \frac{7}{18}$$

Appliquons les règles de priorité et effectuons d'abord la multiplication.

$$A = \frac{4}{3} + \frac{5}{6} - \frac{7}{18}$$

Réduisons au même dénominateur.

$$A = \frac{24}{18} + \frac{15}{18} - \frac{7}{18} = \frac{32}{18} \qquad \boxed{A = \frac{16}{9}}$$

▶ 2. Calculons B.

$$B = \frac{3 \times 10^8 \times 4 \times 10^{-5}}{16 \times 10^7}$$

$$B = \frac{3 \times 4}{16} \times \frac{10^8 \times 10^{-5}}{10^7}$$

Nous savons que :

$a^m \times a^n = a^{m+n}$

$$B = \frac{3}{4} \times \frac{10^{8-5}}{10^7} = 0{,}75 \times \frac{10^3}{10^7}$$

$$B = 0{,}75 \times \frac{10^3}{10^3 \times 10^4}$$

$$B = \frac{0{,}75}{10\,000}$$

$\boxed{B = 0{,}000\,075}$ écriture décimale de B

$\boxed{B = 7{,}5 \times 10^{-5}}$ écriture scientifique de B

▶ 3. Calculons C.

$$C = 5\sqrt{12} - 9\sqrt{75} + 4\sqrt{27}$$

$$C = 5\sqrt{2^2 \times 3} - 9\sqrt{5^2 \times 3} + 4\sqrt{3^2 \times 3}$$

$$C = 10\sqrt{3} - 45\sqrt{3} + 12\sqrt{3} \qquad \boxed{C = -23\sqrt{3}}$$

EXERCICE 2

Nous avons l'expression : $D = 36 - (3x + 5)^2$.

▶ **1.** Développons puis réduisons D.
Utilisons l'identité remarquable $(a + b)^2 = a^2 + 2ab + b^2$.

$D = 36 - (9x^2 + 30x + 25)$ $\boxed{D = -9x^2 - 30x + 11}$

▶ **2.** En utilisant l'expression de D obtenue à la question précédente, calculons D lorsque :

• $x = -2$

$D = -9(-2)^2 - 30(-2) + 11$

$D = -36 + 60 + 11$ $\boxed{D = 35}$

• $x = \frac{1}{3}$

$D = -9\left(\frac{1}{3}\right)^2 - 30\left(\frac{1}{3}\right) + 11$

$D = -1 - 10 + 11$ $\boxed{D = 0}$

▶ **3.** Factorisons D.
Utilisons l'identité remarquable $a^2 - b^2 = (a + b)(a - b)$.

$D = (6)^2 - (3x + 5)^2$

$D = (6 + 3x + 5)(6 - 3x - 5)$ $\boxed{D = (3x + 11)(1 - 3x)}$

▶ **4.** Résolvons l'équation $(1 - 3x)(3x + 11) = 0$.
Puisque nous avons un produit de facteurs nul, alors l'un au moins des facteurs est nul.

$1 - 3x = 0$ soit $x = \frac{1}{3}$

ou $3x + 11 = 0$ soit $x = -\frac{11}{3}$

Conclusion : $\frac{1}{3}$ et $-\frac{11}{3}$ sont les solutions de l'équation.

EXERCICE 3

▶ **1.** Désignons par N l'effectif total du club.

$N = 2 + 6 + 12 + 10 + 10$ $\boxed{N = 40}$

▶ 2. Notons n_1 l'effectif des élèves ayant moins de 13 ans.
$n_1 = 2 + 6 = 8$
Notons p le pourcentage recherché.

$$p = \frac{n_1}{N} \times 100$$

$$p = \frac{8}{40} \times 100$$

$$\boxed{p = 20\,\%}$$

▶ 3. Désignons par M le montant total des cotisations du club.
$M = 8 \times 5 + 32 \times 6$

$$\boxed{M = 232 \text{ euros}}$$

16 POLYNÉSIE JUIN 2003 **12 POINTS**

SUJET

EXERCICE 1

Chaque question est indépendante.

▶ 1. Calculer A. Donner le résultat de A sous une forme simplifiée.

$$A = 3 - \frac{15}{9} \times \frac{12}{5}$$

▶ 2. Écrire B sous la forme $a\sqrt{b}$, où a et b sont des entiers, b étant le plus petit possible.

$$B = 2\sqrt{45} - 5\sqrt{20} - \sqrt{80}$$

▶ 3. Calculer C et donner son écriture scientifique et son écriture décimale.

$$C = \frac{14 \times 10^2 \times 75 \times 10^{-7}}{35 \times 10^{-3}}$$

EXERCICE 2

Soit l'expression : D = $(2x - 3)(3x - 1) + (2x - 3)^2$.

▶ 1. Développer et réduire D.

▶ 2. Factoriser D.

▶ 3. Calculer D pour $x = \sqrt{2}$.

Écrire la réponse sous la forme $a - b\sqrt{c}$ (a, b et c entiers).

▶ 4. Résoudre l'équation : $(2x - 3)(5x - 4) = 0$.

EXERCICE 3

Soit la fraction : $E = \frac{108}{288}$.

▶ 1. Pourquoi la fraction E n'est-elle pas irréductible ? (Justifier sans faire de calcul.)

▶ 2. Calculer le PGCD de 108 et 288.

▶ 3. Écrire la fraction E sous forme irréductible.

CORRIGÉ

EXERCICE 1

▶ 1. Calculons A.

$$A = 3 - \frac{15}{9} \times \frac{12}{5}$$

$$A = 3 - \frac{3}{3} \times \frac{4}{1}$$

$$A = 3 - 4$$

$$\boxed{A = -1}$$

▶ 2. Calculons B.

$$B = 2\sqrt{45} - 5\sqrt{20} - \sqrt{80}$$

$B = 2\sqrt{3^2 \times 5} - 5\sqrt{2^2 \times 5} - \sqrt{4^2 \times 5}$

$B = 6\sqrt{5} - 10\sqrt{5} - 4\sqrt{5}$

$\boxed{B = -8\sqrt{5}}$

▶ **3.** Calculons C.

$$C = \frac{14 \times 10^2 \times 75 \times 10^{-7}}{35 \times 10^{-3}}$$

$$C = \frac{14 \times 75}{35} \times \frac{10^2 \times 10^{-7}}{10^{-3}}$$

Nous savons que :

$a^m \times a^n = a^{m+n}$ $\qquad \frac{a^m}{a^n} = a^{m-n}$ $\qquad a^{-n} = \frac{1}{a^n}$

$$C = 30 \times \frac{10^{-5}}{10^{-3}}$$

$C = 30 \times 10^{-5+3}$

$C = 30 \times 10^{-2}$

$$C = 30 \times \frac{1}{10^2}$$

$C = \frac{30}{100} = 0{,}3$ est l'écriture décimale de C.

$\boxed{C = 3 \times 10^{-1}}$ est l'écriture scientifique de C.

EXERCICE 2

Nous avons l'expression : $D = (2x - 3)(3x - 1) + (2x - 3)^2$.

▶ **1.** Développons puis réduisons D.

Utilisons l'identité remarquable $(a - b)^2 = a^2 - 2ab + b^2$.

$D = 6x^2 - 9x - 2x + 3 + 4x^2 - 12x + 9$

$\boxed{D = 10x^2 - 23x + 12}$

▶ **2.** Factorisons D.

Mettons $(2x - 3)$ en facteur.

$D = (2x - 3)[(3x - 1) + (2x - 3)]$

$\boxed{D = (2x - 3)(5x - 4)}$

▶ **3.** Calculons D lorsque $x = \sqrt{2}$.

Utilisons l'expression de D obtenue à la question **1**.

$D = 10(\sqrt{2})^2 - 23(\sqrt{2}) + 12$

$D = 20 - 23\sqrt{2} + 12$

$\boxed{D = 32 - 23\sqrt{2}}$

▶ **4.** Résolvons l'équation $(2x - 3)(5x - 4) = 0$.

Puisque nous avons un produit de facteurs nul, alors l'un au moins des facteurs est nul.

$2x - 3 = 0$ soit $x = \frac{3}{2}$

ou $5x - 4 = 0$ soit $x = \frac{4}{5}$

Conclusion : $\frac{3}{2}$ et $\frac{4}{5}$ sont les solutions de l'équation.

EXERCICE 3

▶ **1.** 108 et 288 sont deux nombres pairs. Ils sont donc divisibles par 2.
La fraction E n'est donc pas irréductible.

▶ **2.** Calculons le PGCD des deux nombres 108 et 288 en utilisant l'algorithme d'Eclide.

$288 = 2 \times 108 + 72$

$108 = 1 \times 72 + 36$

$72 = 2 \times 36 + 0$

Le dernier reste non nul est 36.

Le PGCD des deux nombres 108 et 288 est 36.

▶ **3.** Nous avons $E = \frac{108}{288}$.

$E = \frac{3 \times 36}{8 \times 36}$

$\boxed{E = \frac{3}{8}}$ est une fraction irréductible.

17 PONDICHÉRY JUIN 2003 — 12 POINTS

SUJET

EXERCICE 1

On donne : $A = \frac{1}{5} - \frac{6}{5} : \frac{10}{35}$ $\quad B = \left(2\sqrt{3} - 4\right)\left(2\sqrt{3} + 4\right)$

$C = \frac{2 \times 10^9 \times 7 \times 10^{-6}}{35 \times 10^2}$

En indiquant toutes les étapes de calcul, calculer A, B et C.
Quels sont les deux nombres égaux ?

EXERCICE 2

Résoudre le système :

$$\begin{cases} 9x + 3y = 15 \\ 2x + y = 1 \end{cases}$$

EXERCICE 3

Une enquête a été réalisée dans 80 restaurants d'une même catégorie. La question posée est : « Quel est l'effectif de votre personnel salarié ? » Les réponses sont données dans le tableau suivant :

Nombre de salariés	2	3	4	5	6	7	8
Nombre de restaurants	5	7	14	17	21	10	6

▶ **1.** Quel est le pourcentage de restaurants dont le nombre de salariés est inférieur ou égal à 4 ?

▶ **2.** Calculer le nombre moyen de salariés par restaurant.

EXERCICE 4

▶ **1.** Déterminer le PGCD des nombres 210 et 135.

▶ 2. Sophie veut faire une couverture en patchwork en cousant ensemble des carrés de tissu de grandeurs identiques mais de motifs différents. Les dimensions de la couverture doivent être de 210 cm sur 135 cm. Sachant qu'elle veut utiliser le moins de carrés possibles, quelle doit être leur dimension ? (Expliquer la démarche.)

▶ 3. Combien devra-t-elle utiliser de carrés ?

CORRIGÉ

EXERCICE 1

▶ 1. Calculons A.

$$A = \frac{1}{5} - \frac{6}{5} : \frac{10}{35}$$

Appliquons les règles de priorité et effectuons d'abord la division. Nous savons que pour diviser deux fractions, on multiple la fraction numérateur par l'inverse de la fraction dénominateur.

$$A = \frac{1}{5} - \frac{6}{5} \times \frac{35}{10}$$

Simplifions cette expression.

$$A = \frac{1}{5} - \frac{3}{1} \times \frac{7}{5}$$

Nous savons aussi que pour multiplier deux fractions, on multiplie les numérateurs entre eux et les dénominateurs entre eux.

$$A = \frac{1}{5} - \frac{21}{5}$$

$$A = -\frac{20}{5}$$

$$\boxed{A = -4}$$

▶ 2. Calculons B.

$$B = (2\sqrt{3} - 4)\,(2\sqrt{3} + 4)$$

Utilisons l'identité remarquable $(a + b)(a - b) = a^2 - b^2$.
Il vient :

$B = (2\sqrt{3})^2 - (4)^2$

$B = 12 - 16$

$\boxed{B = -4}$

▶ 3. Calculons C.

$C = \dfrac{2 \times 10^9 \times 7 \times 10^{-6}}{35 \times 10^2}$

Nous savons que :

$a^m \times a^n = a^{m+n}$ et $\dfrac{a^m}{a^n} = a^{m-n}$

$C = \dfrac{2 \times 7}{35} \times \dfrac{10^9 \times 10^{-6}}{10^2}$

$C = \dfrac{2}{5} \times \dfrac{10^3}{10^2}$

$C = 0{,}4 \times 10^{3-2}$

$C = 0{,}4 \times 10$

$\boxed{C = 4}$

Nous constatons que A = B.

EXERCICE 2

Résolvons le système :

$\begin{cases} 9x + 3y = 15 & (1) \\ 2x + y = 1 & (2) \end{cases}$

Nous pouvons d'abord le simplifier en divisant chaque membre de l'équation (1) par 3. Il vient :

$\begin{cases} 3x + y = 5 & (1') \\ 2x + y = 1 & (2') \end{cases}$

Soustrayons membre à membre les équations (1') et (2'). Il vient :

$3x - 2x = 5 - 1$ soit $x = 4$

Remplaçons x par 4 dans l'équation (1'). Nous obtenons :
$3 \times 4 + y = 5$
$y = 5 - 12$ soit $y = -7$
Conclusion : $x = 4$ et $y = -7$ sont solution du système.

EXERCICE 3

▶ **1.** D'après le tableau donné dans le texte, il existe 26 restaurants dont le nombre de salariés est inférieur ou égal à 4.
En effet : $5 + 7 + 14 = 26$.
Notons p le pourcentage correspondant.

$$p = \frac{26}{80} \times 100$$

soit $\boxed{p = 32{,}5\,\%}$

▶ **2.** Notons m le nombre moyen de salariés par restaurant.

$$m = \frac{5 \times 2 + 7 \times 3 + 14 \times 4 + 17 \times 5 + 21 \times 6 + 10 \times 7 + 6 \times 8}{80}$$

$$m = \frac{416}{80}$$

soit $\boxed{m = 5{,}2}$

EXERCICE 4

▶ **1.** Déterminons le PGCD des nombres 210 et 135. Pour ce faire, utilisons l'algorithme d'Euclide.
$210 = 1 \times 135 + 75$
$135 = 1 \times 75 + 60$
$75 = 1 \times 60 + 15$
$60 = 4 \times 15 + 0$
Le dernier reste non nul est 15.
Donc le PGCD des nombres 210 et 135 est égal à 15.

▶ **2.** Nous pouvons remarquer que :
$210 = 14 \times 15$
$135 = 9 \times 15$
Pour que Sophie utilise le moins de petits carrés possibles, ceux-ci doivent avoir une dimension égale à 15 cm de côté.

▶ 3. Sophie utilisera 126 (c'est-à-dire 14×9) carrés de 15 cm de côté. En effet, d'après la question précédente : $210 \times 135 = 14 \times 9 \times (15)^2$. 210×135 représente en cm^2 l'aire $\mathcal{A}$ de la couverture et $(15)^2$ représente, également en cm^2, l'aire a d'un petit carré.
Schéma de la couverture en patchwork :

1	2	3	4	5	6	7	8	9	10	11	12	13	14
15	16	17	18	19	20	21	22	23	24	25	26	27	28
29	30	31	32	33	34	35	36	37	38	39	40	41	42
43	44	45	46	47	48	49	50	51	52	53	54	55	56
57	58	59	60	61	62	63	64	65	66	67	68	69	70
71	72	73	74	75	76	77	78	79	80	81	82	83	84
85	86	87	88	89	90	91	92	93	94	95	96	97	98
99	100	101	102	103	104	105	106	107	108	109	110	111	112
113	114	115	116	117	118	119	120	121	122	123	124	125	126

18 PONDICHÉRY — JUIN 2003 — **12 POINTS**

SUJET

PROBLÈME

Une crèche propose deux tarifs pour la garde d'un enfant.
Tarif A : Pour une fréquentation occasionnelle, 15 euros par jour de garde.
Tarif B : Un forfait mensuel de 80 euros, plus 5 euros par jour de garde.

✪ Première partie

▶ 1. En janvier, Grégoire a fréquenté la crèche 4 jours et Aurélien 15 jours. Calculer la dépense pour chacun des deux enfants avec le tarif A, puis avec le tarif B.

▶ **2.** On appelle x le nombre de jours de fréquentation en un mois.

a) Exprimer, en fonction de x, la somme $A(x)$ payée avec le tarif A.

b) Exprimer, en fonction de x, la somme $B(x)$ payée avec le tarif B.

▶ **3.** Résoudre l'inéquation : $5x + 80 < 15x$.
Interpréter le résultat.

✪ Deuxième partie

Toutes les lectures graphiques seront indiquées par des pointillés.

On considère maintenant les fonctions A et B définies par :
$A(x) = 15x$ et $B(x) = 5x + 80$

▶ **1.** Sur une feuille de papier millimétré, tracer un repère orthogonal.
Pour cela :

- placer l'origine du repère en bas et à gauche ;
- sur l'axe des abscisses, prendre 1 cm pour une journée de crèche ;
- sur l'axe des ordonnées, prendre 1 cm pour 10 euros.

Construire alors les représentations graphiques des fonctions A et B.

▶ **2.** Les représentations graphiques se coupent en E. Par lecture graphique, déterminer :

a) Quelle est l'abscisse du point E ? Que représente-t-elle ?

b) Quelle est l'ordonnée du point E ? Que représente-t-elle ?

▶ **3.** Lire sur le graphique la somme dépensée pour une fréquentation de 12 jours avec le tarif B.
Vérifier par le calcul.

▶ **4.** Résoudre graphiquement l'équation : $A(x) = 90$.
Interpréter le résultat.

CORRIGÉ

✪ Première partie

▶ **1.** Le résultat est indiqué dans le tableau ci-dessous.

Dépenses \ Tarif	Tarif A	Tarif B
Dépense pour la garde de Grégoire	60 euros	100 euros
Dépense pour la garde d'Aurélien	225 euros	155 euros

CORRIGÉ

▶ **2.** *a)* $A(x) = 15x$ en euros.

b) $B(x) = 5x + 80$ en euros.

▶ **3.** Résolvons l'inéquation :

$5x + 80 < 15x$

$5x - 15x < -80$

$-10x < -80$

Divisons chaque membre de cette inégalité par – 10.

Puisque nous divisons chaque membre de l'inégalité par un même nombre négatif, il convient de changer le sens de l'inégalité.

$x > \frac{-80}{-10}$ $\boxed{x > 8}$

Interprétation du résultat : Nous avons résolu l'inéquation $B(x) < A(x)$ et nous avons trouvé $x > 8$ comme solution.

Cela signifie que si un enfant fréquente la crèche pendant plus de 8 jours par mois, alors le tarif B revient moins cher que le tarif A.

✪ Deuxième partie

▶ **1.** Les représentations graphiques des fonctions A et B sont deux droites respectivement notées $(\mathcal{D}_1)$ et $(\mathcal{D}_2)$.

La droite $(\mathcal{D}_1)$ passe par les points O (origine du repère) et $P_1(15 ; 225)$.

La droite $(\mathcal{D}_2)$ passe par les points $P_2(0 ; 80)$ et $Q_2(15 ; 155)$.

▶ **2.** Nous lisons aisément sur le graphique que :

• l'abscisse du point E est égale à 8 ; cela représente le nombre de jours de fréquentation de la crèche tels que les tarifs A et B reviennent au même prix ;

• l'ordonnée du point E est égale à 120 ; cela signifie que si un enfant fréquente la crèche durant 8 jours en un mois, les tarifs A et B reviennent tous deux au prix de 120 euros.

▶ **3.** Nous lisons sur le graphique que le point F, situé sur la droite $(\mathcal{D}_2)$ et d'abscisse 12, a pour ordonnée 140. En conséquence, si un enfant fréquente la crèche durant 12 jours en un mois, le prix à payer sera 140 euros avec le tarif B.

Vérifions par le calcul. Pour ce faire, calculons B(12).

$B(12) = 5 \times 12 + 80$ soit $B(12) = 140$

▶ **4.** Traçons la droite (Δ) d'équation $y = 90$.

La droite (Δ) coupe la droite $(\mathcal{D}_1)$ au point G d'abscisse 6.

Interprétation du résultat : Lorsque l'on doit payer une somme de 90 euros pour la garde d'un enfant après avoir choisi le tarif A, c'est que cet enfant a fréquenté la crèche durant 6 jours.

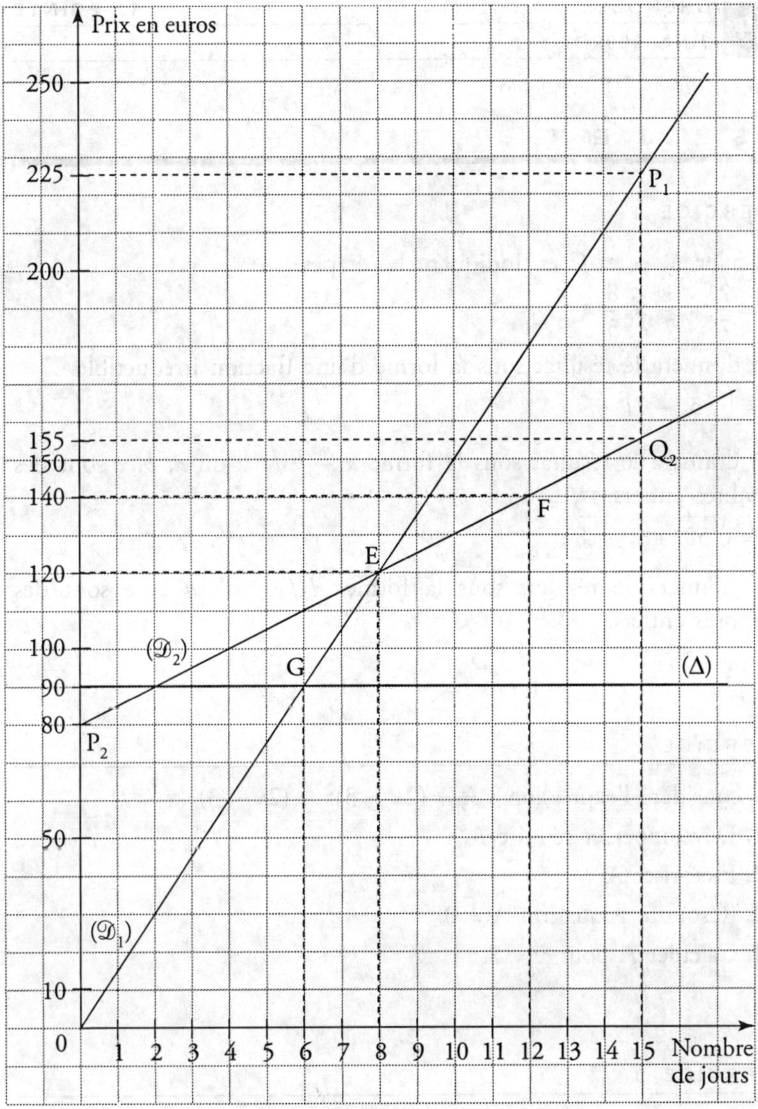
Prix en euros
250
225
200
155
150
140
120
100
90
80
50
10
0
1 2 3 4 5 6 7 8 9 10 11 12 13 14 15
Nombre de jours
P1
Q2
F
E
G
P2
(𝒟2)
(𝒟1)
(Δ)

19 GRENOBLE JUIN 2002 — 12 POINTS

SUJET

EXERCICE 1

Calculer A, B, et C en indiquant les étapes.

$A = \frac{2}{7} + \frac{1}{7} \times \frac{8}{3}$

On donnera le résultat sous la forme d'une fraction irréductible.

$B = (\sqrt{3} - 7)^2$

On donnera le résultat sous la forme $a + b\sqrt{c}$, où a, b, c sont des nombres entiers.

$C = \sqrt{50} + 2\sqrt{18}$

On donnera le résultat sous la forme $d\sqrt{e}$, où d et e sont des nombres entiers.

EXERCICE 2

On considère l'expression : $A = (2x - 3)^2 - (2x - 3)(x - 2)$.

▶ **1.** Développer et réduire A.

▶ **2.** Factoriser A.

▶ **3.** Résoudre l'équation A = 0.

▶ **4.** Calculer A pour $x = 2$.

EXERCICE 3

▶ **1.** Les nombres 682 et 496 sont-ils premiers entre eux ? Justifier.

▶ **2.** Calculer le plus grand commun diviseur (PGCD) de 682 et de 496.

▶ **3.** Simplifier la fraction $\frac{682}{496}$ pour la rendre irréductible, en indiquant la méthode.

EXERCICE 4

Une usine teste des ampoules électriques, sur un échantillon, en étudiant leur durée de vie en heures.
Voici les résultats.

d : durée de vie en heures	Nombre d'ampoules
$1\,000 \leqslant d < 1\,200$	550
$1\,200 \leqslant d < 1\,400$	1 460
$1\,400 \leqslant d < 1\,600$	1 920
$1\,600 \leqslant d < 1\,800$	1 640
$1\,800 \leqslant d < 2\,000$	430

▶ **1.** Quel est le pourcentage d'ampoules qui ont une durée de vie de moins de 1 400 h ?

▶ **2.** Calculer la durée de vie moyenne d'une ampoule.

CORRIGÉ

EXERCICE 1

• Calculons : $A = \frac{2}{7} + \frac{1}{7} \times \frac{8}{3}$.

Pour multiplier deux fractions, on multiplie les numérateurs entre eux et les dénominateurs entre eux.

$A = \frac{2}{7} + \frac{8}{21}$

Pour additionner deux fractions, on les réduit au même dénominateur, puis on additionne les numérateurs entre eux et on conserve le dénominateur commun.

$A = \frac{6}{21} + \frac{8}{21}$ $\quad A = \frac{14}{21}$ $\quad \boxed{A = \frac{2}{3}}$

• Calculons : $B = (\sqrt{3} - 7)^2$.

Utilisons l'identité remarquable $(a - b)^2 = a^2 - 2ab + b^2$.

$B = 3 - 14\sqrt{3} + 49$ $\quad \boxed{B = 52 - 14\sqrt{3}}$

• Calculons : $C = \sqrt{50} + 2\sqrt{18}$.

$C = \sqrt{5^2 \times 2} + 2\sqrt{3^2 \times 2}$

$C = 5\sqrt{2} + 6\sqrt{2}$

$\boxed{C = 11\sqrt{2}}$

EXERCICE 2

Nous avons : $A = (2x - 3)^2 - (2x - 3)(x - 2)$.

▶ **1.** Développons puis réduisons A.

Utilisons l'identité remarquable $(a - b)^2 = a^2 - 2ab + b^2$

$A = (4x^2 - 12x + 9) - (2x^2 - 3x - 4x + 6)$

$A = 4x^2 - 12x + 9 - 2x^2 + 7x - 6$

$\boxed{A = 2x^2 - 5x + 3}$

▶ **2.** Factorisons A.

Mettons $(2x - 3)$ en facteur.

$A = (2x - 3)\,[(2x - 3) - (x - 2)]$

$A = (2x - 3)(2x - 3 - x + 2)$

$\boxed{A = (2x - 3)(x - 1)}$

▶ **3.** Résolvons l'équation $A = 0$, c'est-à-dire :

$(2x - 3)(x - 1) = 0$

Puisque nous avons un produit de facteurs nul, alors l'un au moins des facteurs est nul.

$2x - 3 = 0$ soit $x = \frac{3}{2}$

ou $x - 1 = 0$ soit $x = 1$

Conclusion : $\frac{3}{2}$ et 1 sont les solutions de l'équation.

▶ **4.** Calculons A pour $x = 2$.

Pour ce faire, utilisons l'expression de A obtenue à la question **1.**

$A = 2x^2 - 5x + 3$

$A = 2(2)^2 - 5 \times 2 + 3$

$A = 8 - 10 + 3$

$\boxed{A = 1}$

EXERCICE 3

▶ **1.** Les nombres 682 et 496 sont des nombres pairs, ils sont donc divisibles par 2. En conséquence, ils ne sont pas premiers entre eux.

▶ **2.** Calculons le PGCD des deux nombres 682 et 496. Pour ce faire, utilisons l'algorithme d'Euclide.

$682 = 1 \times 496 + 186$

$496 = 2 \times 186 + 124$

$186 = 1 \times 124 + 62$

$124 = 2 \times 62 + 0$

Le dernier reste non nul est 62.

Conclusion : Le PGCD des nombres 682 et 496 est égal à 62.

▶ **3.** Nous remarquons que : $682 = 62 \times 11$ et $496 = 62 \times 8$.

Notons $F = \dfrac{682}{496}$.

$$F = \frac{62 \times 11}{62 \times 8}$$

$$\boxed{F = \frac{11}{8}}$$ est une fraction irréductible.

EXERCICE 4

▶ **1.** Notons N le nombre total d'ampoules et n le nombre d'ampoules qui ont une durée de vie de moins de 1 400 heures.

$N = 550 + 1\,460 + 1\,920 + 1\,640 + 430$

$N = 6\,000$

$n = 550 + 1\,460$

$n = 2\,010$

Soit p le pourcentage recherché.

$$p = \frac{n}{N} \times 100$$

$$p = \frac{2\,010}{6\,000} \times 100$$

$$\boxed{p = 33{,}5\,\%}$$

▶ **2.** Notons m la durée de vie moyenne d'une ampoule.
m est alors la moyenne des centres des classes, pondérée par les effectifs.

$$m = \frac{1\,100 \times 550 + 1\,300 \times 1\,460 + 1\,500 \times 1\,920 + 1\,700 \times 1\,640 + 1\,900 \times 430}{6\,000}$$

$$m = \frac{8\,988\,000}{6\,000}$$

$$\boxed{m = 1\,498 \text{ heures}}$$

20 GRENOBLE — JUIN 2002 — **12 POINTS**

SUJET

PROBLÈME

Première partie

Madame Durand voyage en train.
Elle fait le voyage aller-retour Chambéry-Paris selon les horaires suivants :

Trajet aller	Trajet retour
Départ Chambéry : 6 h 01 min	Départ Paris : 19 h 04 min
Arrivée Paris : 9 h 01 min	Arrivée Chambéry : 21 h 58 min

La distance par le train Chambéry-Paris est de 542 km.

▶ **1.** Calculer la vitesse moyenne du train à l'aller. Le résultat sera arrondi à l'unité.

▶ **2.** Calculer la vitesse moyenne du train au retour. Le résultat sera arrondi à l'unité.

✪ Deuxième partie

Monsieur Dubois doit effectuer fréquemment des trajets, en train, entre Chambéry et Paris.

Il a le choix entre deux options :

Option A : Le prix d'un trajet est 58 euros.

Option B : Le prix total annuel en euros y_B est donné par :

$y_B = 29x + 300$, où x est le nombre de trajets par an.

▶ **1.** Monsieur Dubois effectue 8 trajets dans l'année.

Calculer le prix total annuel avec chacune des deux options.

▶ **2.** Monsieur Dubois effectue un nombre x de trajets dans l'année.

On note y_A le prix total annuel à payer avec l'option A. Écrire y_A en fonction de x.

▶ **3.** Un employé de la gare doit expliquer, à une personne qui téléphone, le fonctionnement de l'option B.

Rédiger son explication.

▶ **4.** Pour l'option B, le prix total annuel est-il proportionnel au nombre de trajets ? Justifier.

▶ **5.** Sur une feuille de papier millimétré, représenter les deux fonctions f et g définies par :

$f : x \mapsto 58x$ et $g : x \mapsto 29x + 300$

Pour le repère, on prendra :

- l'origine en bas à gauche de la feuille ;
- sur l'axe des abscisses, 1 cm pour 1 unité ;
- sur l'axe des ordonnées, 1 cm pour 50 unités.

▶ **6.** On vient de représenter graphiquement, pour chacune des deux options, le prix total annuel en fonction du nombre de trajets.

a) À l'aide du graphique, déterminer le nombre de trajets pour lequel le prix total annuel est plus avantageux avec l'option B. Faire apparaître le tracé ayant permis de répondre.

b) Retrouver ce résultat par un calcul.

CORRIGÉ

PROBLÈME

✪ Première partie

▶ **1.** Le train met exactement 3 heures pour aller de Chambéry à Paris. Notons V_A la vitesse moyenne du train à l'aller.

$V_A = \dfrac{542}{3}$ km/h

$\boxed{V_A = 181 \text{ km/h}}$ valeur arrondie à l'unité

▶ **2.** Le train met 2 heures et 54 minutes pour aller de Paris à Chambéry. Ce temps s'écrit alors $2 + \dfrac{54}{60}$ d'heures, soit 2,9 heures.

Notons V_R la vitesse moyenne du train au retour.

$V_R = \dfrac{542}{2{,}9}$ km/h

$\boxed{V_R = 187 \text{ km/h}}$ valeur arrondie à l'unité

✪ Deuxième partie

▶ **1.** Si M. Dubois effectue 8 trajets dans l'année :

- avec l'option A, il paie $p_A = 8 \times 58$ soit $p_A = 464$ euros ;
- avec l'option B, il paie $p_B = 8 \times 29 + 300$ soit $p_B = 532$ euros.

▶ **2.** Si M. Dubois effectue x trajets dans l'année, alors avec l'option A, il paie $y_A = 58x$ euros.

▶ **3.** Voici une explication possible donnée par l'employé de la gare : « Vous payez d'abord une somme forfaitaire de 300 euros, puis vous vous acquittez d'un montant de 29 euros par trajet ».

▶ **4.** Avec l'option B et pour x trajets, le prix en euros y_B à payer est donné par la relation : $y_B = 29x + 300$.

Ce prix est une fonction affine (et non pas une fonction linéaire) du nombre de trajets x.

Il n'est pas proportionnel au nombre de trajets effectués.

▶ **5.** La représentation graphique de la fonction linéaire f est la droite $(\mathcal{D}_1)$ passant par l'origine O du repère et par le point $P_1(15 ; 870)$.

La représentation graphique de la fonction affine g est la droite $(\mathcal{D}_2)$ passant par les points $P_2(0 ; 300)$ et $Q_2(15 ; 735)$.

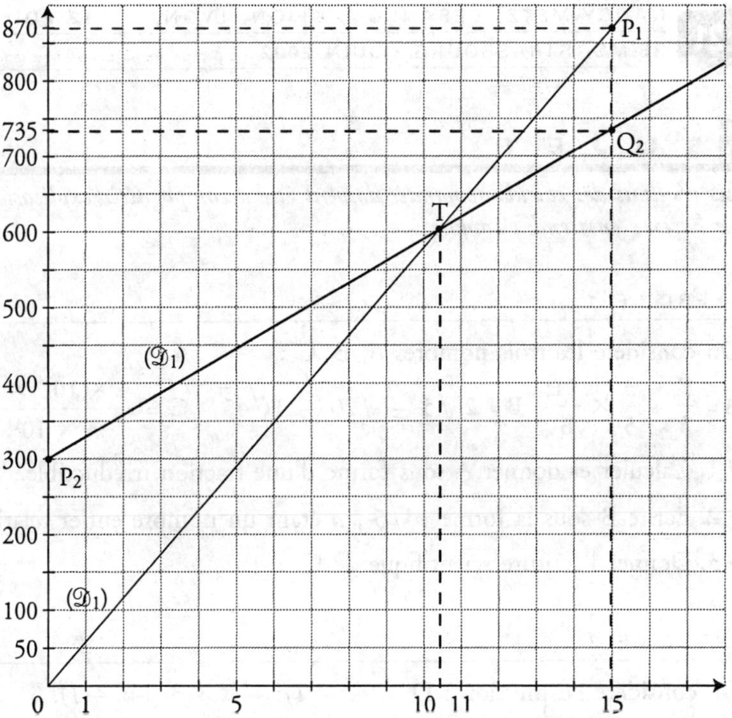

▶ **6.** *a)* Sur le graphique, nous lisons que les droites $(\mathcal{D}_1)$ et $(\mathcal{D}_2)$ se coupent en un point T dont l'abscisse est comprise entre 10 et 11. Lorsque $x \geqslant 11$, la droite $(\mathcal{D}_2)$ est au-dessous de la droite $(\mathcal{D}_1)$.
Donc à partir de 11 trajets, l'option B est plus avantageuse que l'option A pour M. Dubois.

b) Pour retrouver ce résultat par le calcul, il suffit de résoudre l'inéquation $y_B < y_A$.

$29x + 300 < 58x$

$29x - 58x < -300$

$-29x < -300$

Divisons chaque membre de cette dernière inégalité par -29. Attention, ne pas oublier de changer le sens de l'inégalité, car nous divisons chaque membre par un même *nombre négatif !*

$x > \frac{300}{29}$ soit $x > 10{,}344\ldots$

Nous retrouvons bien qu'à partir de 11 trajets, l'option B est plus avantageuse que l'option A pour M. Dubois.

21 NANCY-METZ, BESANÇON, DIJON, LYON, REIMS, STRASBOURG • JUIN 2002 — 12 POINTS

SUJET

Les résultats des calculs demandés doivent être accompagnés d'explications. Le barème en tiendra compte.

EXERCICE 1

On considère les trois nombres A, B, C :

$$A = \frac{7}{5} + \frac{3}{5} \times \frac{11}{6} \quad B = 2\sqrt{5} - \sqrt{20} - 3\sqrt{45} \quad C = \frac{4 \times 10^{14} \times 12}{3 \times 10^{11}}$$

▶ **1.** Calculer et donner A sous forme d'une fraction irréductible.

▶ **2.** Écrire B sous la forme $a\sqrt{5}$, a étant un nombre entier relatif.

▶ **3.** Donner l'écriture scientifique de C.

EXERCICE 2

On considère l'expression : $D = (4x - 1)^2 + (x + 3)(4x - 1)$.

▶ **1.** Développer puis réduire D.

▶ **2.** Factoriser D.

▶ **3.** Résoudre l'équation : $(4x - 1)(5x + 2) = 0$.

EXERCICE 3

▶ **1.** Calculer le plus grand diviseur commun de 540 et 300.

▶ **2.** Une pièce rectangulaire de 5,40 m de long et de 3 m de large est recouverte, sans découpe, par des dalles de moquette carrées, toutes identiques.

a) Quelle est la mesure du côté de chacune de ces dalles, sachant que l'on veut le moins de dalles possible?

b) Calculer alors le nombre de dalles utilisées.

EXERCICE 4

Voici le diagramme représentant la répartition des notes obtenues par les élèves d'une classe de troisième lors d'un contrôle de français; les notes sur 20 sont reportées en abscisse, le nombre d'élèves est reporté en ordonnée.

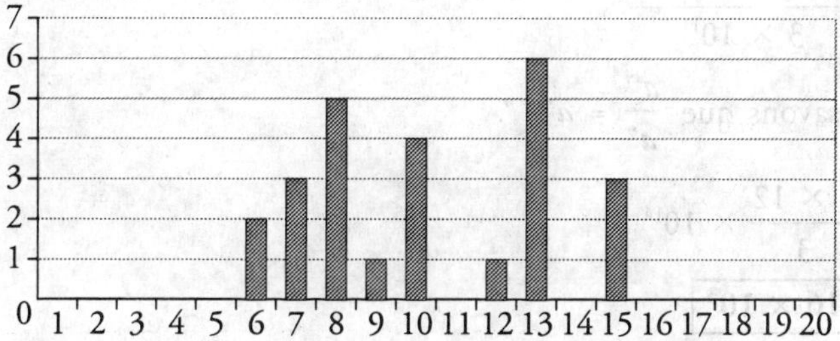

▶ **1.** Quel est l'effectif de cette classe de troisième ?

▶ **2.** Calculer la moyenne des notes obtenues en donnant le résultat sous sa forme décimale exacte.

CORRIGÉ

EXERCICE 1

▶ **1.** Calculons A sous la forme d'une fraction irréductible.

$A = \frac{7}{5} + \frac{3}{5} \times \frac{11}{6}$ $A = \frac{14}{10} + \frac{1}{5} \times \frac{11}{2}$

$A = \frac{14}{10} + \frac{11}{10}$ $A = \frac{25}{10}$

$\boxed{A = \frac{5}{2}}$

▶ **2.** Calculons B sous la forme $a\sqrt{5}$.

$B = 2\sqrt{5} - \sqrt{20} - 3\sqrt{45}$

$B = 2\sqrt{5} - \sqrt{2^2 \times 5} - 3\sqrt{3^2 \times 5}$

$B = 2\sqrt{5} - 2\sqrt{5} - 9\sqrt{5}$

$\boxed{B = -9\sqrt{5}}$

▶ **3.** Donnons l'écriture scientifique de C.

$$C = \frac{4 \times 10^{14} \times 12}{3 \times 10^{11}}$$

Nous savons que $\frac{a^m}{a^n} = a^{m-n}$.

$$C = \frac{4 \times 12}{3} \times 10^{14-11}$$

$$\boxed{C = 16 \times 10^3}$$

Un nombre C est écrit sous forme scientifique lorsque $C = a \times 10^n$, avec $1 \leqslant a < 10$ et n entier relatif.

$$\boxed{C = 1{,}6 \times 10^4}$$

EXERCICE 2

Nous avons $D = (4x - 1)^2 + (x + 3)(4x - 1)$.

▶ **1.** Développons puis réduisons D.
Pour ce faire, utilisons l'identité remarquable $(a - b)^2 = a^2 - 2ab + b^2$.
$D = (16x^2 - 8x + 1) + (4x^2 + 12x - x - 3)$
$D = 16x^2 - 8x + 1 + 4x^2 + 11x - 3$

$$\boxed{D = 20x^2 + 3x - 2}$$

▶ **2.** Factorisons D.
Mettons $(4x - 1)$ en facteur.
$D = (4x - 1)[(4x - 1) + (x + 3)]$
$D = (4x - 1)(4x - 1 + x + 3)$

$$\boxed{D = (4x - 1)(5x + 2)}$$

▶ **3.** Résolvons l'équation $(4x - 1)(5x + 2) = 0$.
Puisque nous avons un produit de facteurs nul, alors l'un au moins de ces facteurs est nul.

$4x - 1 = 0$ soit $x = \frac{1}{4}$

ou $5x + 2 = 0$ soit $x = -\frac{2}{5}$

Conclusion : $\frac{1}{4}$ et $-\frac{2}{5}$ sont les solutions de l'équation.

EXERCICE 3

▶ **1.** Calculons le PGCD des nombres 540 et 300 en utilisant l'algorithme d'Euclide.
$540 = 1 \times 300 + 240$
$300 = 1 \times 240 + 60$
$240 = 4 \times 60 + 0$
Le dernier reste non nul est 60.

Le PGCD des deux nombres 540 et 300 est égal à 60.

▶ **2.** *a)* La pièce rectangulaire mesure 540 cm de longueur et 300 cm de largeur. D'après la question précédente, nous pouvons affirmer que chaque dalle carrée a pour côté 60 cm.

b) Nous remarquons que : $540 = 9 \times 60$ et $300 = 5 \times 60$.
Le nombre n de dalles sera tel que : $n = 9 \times 5$

$n = 45$

Schéma de la pièce

1	2	3	4	5	6	7	8	9
10	11	12	13	14	15	16	17	18
19	20	21	22	23	24	25	26	27
28	29	30	31	32	33	34	35	36
37	38	39	40	41	42	43	44	45

EXERCICE 4

▶ **1.** Notons N l'effectif de la classe de troisième.
$N = 2 + 3 + 5 + 1 + 4 + 1 + 6 + 3$

N = 25 élèves

▶ **2.** Notons m la moyenne des notes obtenues.

$$m = \frac{2 \times 6 + 3 \times 7 + 5 \times 8 + 1 \times 9 + 4 \times 10 + 1 \times 12 + 6 \times 13 + 3 \times 15}{25}$$

$$m = \frac{257}{25}$$

$m = 10{,}28$

22 NANCY-METZ, BESANÇON, DIJON, LYON, REIMS, STRASBOURG • JUIN 2002 — 12 POINTS

SUJET

PROBLÈME

Un viticulteur propose un de ses vins aux deux tarifs suivants :
Tarif 1 : 7,5 euros la bouteille, transport compris.
Tarif 2 : 6 euros la bouteille, mais avec un forfait de transport de 18 euros.

▶ **1.** Remplir le tableau ci-dessous.

Nombre de bouteilles	1	5			15
Prix au tarif 1 en €	7,5			97,5	
Prix au tarif 2 en €		48	78		

▶ **2.** Exprimer le prix payé par le consommateur en fonction du nombre x de bouteilles achetées.
Pour le tarif 1, le prix sera noté P_1.
Pour le tarif 2, le prix sera noté P_2.

▶ **3.** Tracer, sur une feuille de papier millimétré, les représentations graphiques des fonctions f et g définies par :
$f(x) = 7{,}5x$ et $g(x) = 6x + 18$
pour des valeurs de x comprises entre 0 et 15.
On placera l'origine dans le coin inférieur gauche de la feuille et on prendra les unités suivantes :
- sur l'axe des abscisses, 1 cm représente 1 bouteille ;
- sur l'axe des ordonnées, 1 cm représente 10 euros.

Pour les questions **4.** *et* **5.***, on laissera sur le graphique les traits de rappel utilisés pour faciliter la lecture.*

▶ **4.** Répondre aux questions suivantes en utilisant le graphique.
a) On veut acheter 6 bouteilles. Quel est le tarif le plus avantageux ?
b) On dispose de 70 euros. Lequel des deux tarifs permet d'acheter le plus grand nombre de bouteilles ?
Préciser ce nombre de bouteilles.

▶ **5.** Utilisation du graphique, vérification par le calcul.
a) Déterminer graphiquement pour combien de bouteilles le prix de revient est identique, quel que soit le tarif choisi. Donner ce nombre de bouteilles.
Quel est le prix correspondant ?
b) Vérifier ces deux derniers résultats par des calculs.

CORRIGÉ

PROBLÈME

▶ **1.** Voir le tableau ci-après.

Nombre de bouteilles	1	5	10	13	15
Prix au tarif 1 en €	7,5	37,5	75	97,5	112,5
Prix au tarif 2 en €	24	48	78	96	108

▶ **2.** Nous pouvons écrire :

$P_1 = 7{,}5x$

$P_2 = 6x + 18$

▶ **3.** • La représentation graphique de la fonction linéaire f est la droite $(\mathcal{D}_1)$ qui passe par l'origine O du repère et par le point $P_1(15\,;\,112{,}5)$.

• La représentation graphique de la fonction affine g est la droite $(\mathcal{D}_2)$ qui passe par les points $P_2(0\,;\,18)$ et $Q_2(15\,;\,108)$.

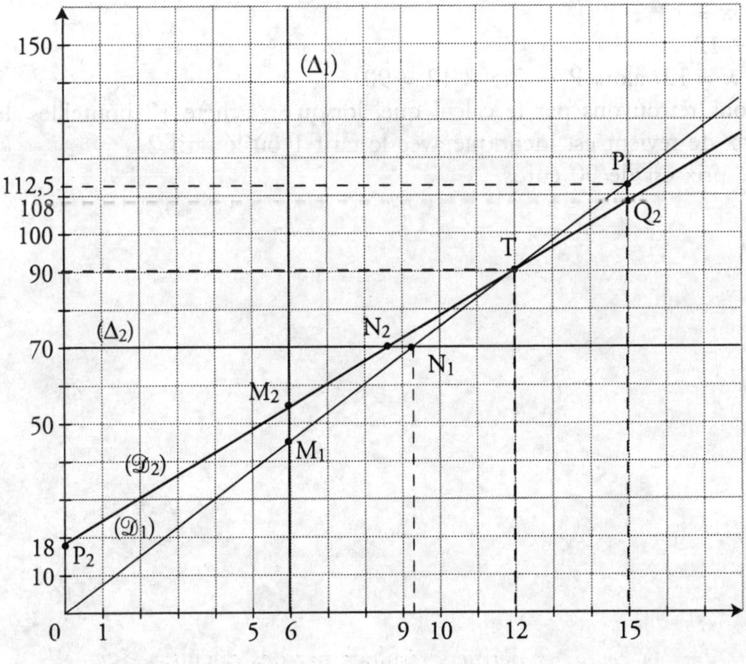

▶ 4. *a)* La droite (Δ_1) d'équation $x = 6$ coupe respectivement les droites $(\mathcal{D}_1)$ et $(\mathcal{D}_2)$ en M_1 et M_2. Nous remarquons sur le graphique que $y_{M_1} < y_{M_2}$.

Conclusion : Lorsqu'on achète 6 bouteilles, le tarif 1 est plus avantageux que le tarif 2.

b) La droite (Δ_2) d'équation $y = 70$ coupe respectivement les droites $(\mathcal{D}_1)$ et $(\mathcal{D}_2)$ en N_1 et N_2. Nous remarquons sur le graphique que $x_{N_1} > x_{N_2}$.

Conclusion : Lorsqu'on dispose de 70 euros, le tarif 1 permet d'acheter plus de bouteilles que le tarif 2.

De plus, sur le graphique, nous pouvons remarquer que $9 < x_{N_1} < 10$.
Il est alors possible d'acheter 9 bouteilles.

▶ 5. *a)* Sur le graphique, nous remarquons que les droites $(\mathcal{D}_1)$ et $(\mathcal{D}_2)$ se coupent en T(12 ; 90).

Si l'on achète 12 bouteilles, le prix de revient est identique avec le tarif 1 ou le tarif 2. Ce prix est de 90 euros.

b) Résolvons l'équation $P_1 = P_2$.

$7{,}5x = 6x + 18$

$7{,}5x - 6x = 18$

$1{,}5x = 18$

$x = 12$

Si $x = 12$, alors $P_1 = 7{,}5 \times 12 = 90$.

Nous retrouvons par le calcul que, lorsqu'on achète 12 bouteilles, le prix de revient est identique avec le tarif 1 ou le tarif 2.
Ce prix est de 90 euros.

23 NANTES, BORDEAUX, CAEN, CLERMONT-FERRAND, LIMOGES, ORLÉANS-TOURS, POITIERS, RENNES • JUIN 2002 — 12 POINTS

SUJET

EXERCICE 1

▶ 1. Développer et réduire l'expression : $P = (x + 12)(x + 2)$.

▶ 2. Factoriser l'expression : $Q = (x + 7)^2 - 25$.

▶ 3. ABC est un triangle rectangle en A et x désigne un nombre positif.
$BC = x + 7 \qquad AB = 5$
Faire un schéma et montrer que : $AC^2 = x^2 + 14x + 24$.

EXERCICE 2

Résoudre chacune des deux équations :

▶ 1. $3(5 + 3x) - (x - 3) = 0$

▶ 2. $3(5 + 3x)(x - 3) = 0$

EXERCICE 3

Sur la couverture d'un livre de géométrie sont dessinées des figures ; celles-ci sont des triangles ou des rectangles qui n'ont aucun sommet commun.

▶ 1. Combien de sommets compterait-on s'il y avait 4 triangles et 6 rectangles, soit 10 figures en tout ?

▶ 2. En fait, 18 figures sont dessinées et on peut compter 65 sommets en tout. Combien y a-t-il de triangles et de rectangles sur cette couverture de livre ?

EXERCICE 4

En indiquant les calculs intermédiaires, écrire A sous la forme d'un nombre entier et B sous la forme $a\sqrt{3}$ (avec a entier).

$A = (3\sqrt{2} - 1)(\sqrt{2} + 1) - 2\sqrt{2} \qquad B = 5\sqrt{27} + \sqrt{75}$

CORRIGÉ

EXERCICE 1

▶ **1.** Développons et réduisons l'expression $P = (x + 12)(x + 2)$.

$P = x^2 + 12x + 2x + 24$

$$\boxed{P = x^2 + 14x + 24}$$

▶ **2.** Factorisons l'expression $Q = (x + 7)^2 - 25$.

$Q = (x + 7)^2 - (5)^2$

Utilisons l'identité remarquable $a^2 - b^2 = (a + b)(a - b)$.

$Q = (x + 7 + 5)(x + 7 - 5)$

$$\boxed{Q = (x + 12)(x + 2)}$$

▶ **3.** Appliquons le théorème de Pythagore au triangle ABC rectangle en A.

$AC^2 + AB^2 = BC^2$

$AC^2 = BC^2 - AB^2$

$AC^2 = (x + 7)^2 - 5^2$

D'après les questions **2.** et **1.**, nous trouvons :

$$\boxed{AC^2 = x^2 + 14x + 24}$$

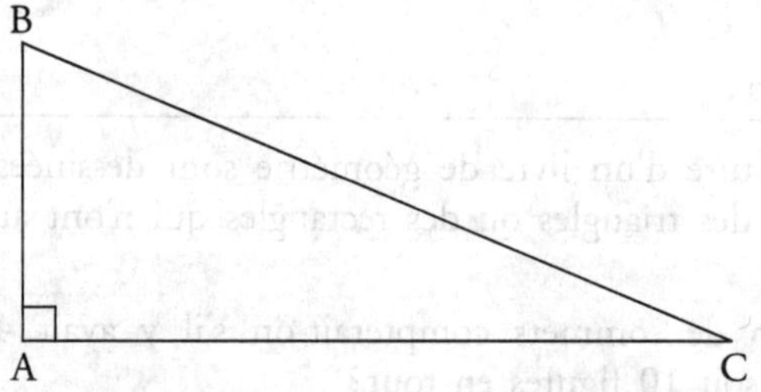

EXERCICE 2

▶ **1.** Résolvons l'équation $3(5 + 3x) - (x - 3) = 0$.

$15 + 9x - x + 3 = 0$

$9x - x = -15 - 3$

$8x = -18$

$4x = -9$

Conclusion : $x = -\dfrac{9}{4}$ est la solution de l'équation.

▶ **2.** Résolvons l'équation 3(5 + 3x) (x – 3) = 0.
Puisque nous avons un produit de facteurs nul, alors l'un au moins des facteurs est nul.

$5 + 3x = 0$ soit $x = -\frac{5}{3}$

ou $x - 3 = 0$ soit $x = 3$

Conclusion : $-\frac{5}{3}$ et 3 sont les solutions de l'équation.

EXERCICE 3

▶ **1.** Appelons N le nombre de sommets des dix figures. Un triangle et un rectangle possèdent respectivement 3 et 4 sommets.
$N = 4 \times 3 + 6 \times 4$

$\boxed{N = 36}$

▶ **2.** Notons respectivement x et y le nombre de triangles et de rectangles figurant sur la couverture du livre. Traduisons le texte par un système de deux équations à deux inconnues. Il vient :

$$\begin{cases} x + y = 18 & (1) \\ 3x + 4y = 65 & (2) \end{cases}$$

De (1) nous sortons : $y = 18 - x$.
Reportons dans (2). Nous obtenons :
$3x + 4(18 - x) = 65$
$3x + 72 - 4x = 65$
$-x = -7$
soit $x = 7$
Alors $y = 18 - 7$ soit $y = 11$
Conclusion : Il y a 7 triangles et 11 rectangles sur la couverture du livre.

EXERCICE 4

• Écrivons A sous la forme d'un nombre entier.

$A = (3\sqrt{2} - 1)(\sqrt{2} + 1) - 2\sqrt{2}$

$A = 3\sqrt{2} \times \sqrt{2} - \sqrt{2} + 3\sqrt{2} - 1 - 2\sqrt{2}$

$A = 6 - \sqrt{2} + 3\sqrt{2} - 1 - 2\sqrt{2}$

$\boxed{A = 5}$

• Écrivons B sous la forme $a\sqrt{3}$.

$B = 5\sqrt{27} + \sqrt{75}$

$B = 5\sqrt{3^2 \times 3} + \sqrt{5^2 \times 3}$

$B = 15\sqrt{3} + 5\sqrt{3}$

$\boxed{B = 20\sqrt{3}}$

24 NICE, AIX-MARSEILLE, CORSE, MONTPELLIER, TOULOUSE • JUIN 2002 — **12 POINTS**

SUJET

EXERCICE 1

On considère la fraction : $\dfrac{170}{578}$.

▸ **1.** Montrer que cette fraction n'est pas irréductible.

▸ **2.** Déterminer le PGCD des nombres 170 et 578 (faire apparaître les différentes étapes).

▸ **3.** Écrire la fraction $\dfrac{170}{578}$ sous forme irréductible.

EXERCICE 2

Soit C = $(x - 1)(2x + 3) + (x - 1)^2$.

▶ 1. Développer l'expression C et montrer qu'elle est égale à : $3x^2 - x - 2$

▶ 2. Calculer la valeur de C pour $x = \sqrt{2}$ et la mettre sous la forme $a - \sqrt{2}$, où a est un nombre entier.

▶ 3. Factoriser l'expression C.

▶ 4. Résoudre l'équation : $(x - 1)(3x + 2) = 0$.

EXERCICE 3

▶ 1. Résoudre le système suivant :

$$\begin{cases} 2x + 3y = 30 \\ x - y = 5 \end{cases}$$

▶ 2. Le CDI d'un collège a acheté deux exemplaires d'une même bande dessinée et trois exemplaires d'un même livre de poche pour la somme de 30 euros.
Une bande dessinée coûte 5 euros de plus qu'un livre de poche.
Quel est le prix en euros d'une bande dessinée ?
Quel est le prix en euros d'un livre de poche ?

CORRIGÉ

EXERCICE 1

▶ 1. Il est évident que la fraction $\frac{170}{578}$ n'est pas irréductible. En effet, le numérateur et le dénominateur sont des nombres pairs, donc divisibles par 2.

▶ **2.** Déterminons le PGCD des nombres 170 et 578. Pour ce faire, utilisons l'algorithme d'Euclide.
$578 = 3 \times 170 + 68$
$170 = 2 \times 68 + 34$
$68 = 2 \times 34 + 0$
Le dernier reste non nul est 34.
Donc le PGCD des nombres 170 et 578 est 34.

▶ **3.** Posons $F = \dfrac{170}{578}$.

$F = \dfrac{5 \times 34}{17 \times 34}$ $\boxed{F = \dfrac{5}{17}}$ F est une fraction irréductible.

EXERCICE 2

Nous avons $C = (x - 1)(2x + 3) + (x - 1)^2$.

▶ **1.** Développons C.
Utilisons l'identité remarquable $(a - b)^2 = a^2 - 2ab + b^2$.
$C = (2x^2 - 2x + 3x - 3) + (x^2 - 2x + 1)$
$C = 2x^2 + x - 3 + x^2 - 2x + 1$
$\boxed{C = 3x^2 - x - 2}$

▶ **2.** Calculons C lorsque $x = \sqrt{2}$.

$C = 3(\sqrt{2})^2 - \sqrt{2} - 2$

$C = 6 - \sqrt{2} - 2$

$\boxed{C = 4 - \sqrt{2}}$

▶ **3.** Factorisons C.
Mettons $(x - 1)$ en facteur.
$C = (x - 1)[(2x + 3) + (x - 1)]$
$C = (x - 1)(2x + 3 + x - 1)$
$\boxed{C = (x - 1)(3x + 2)}$

▶ **4.** Résolvons l'équation $(x - 1)(3x + 2) = 0$.
Puisque le produit de facteurs est nul, alors l'un au moins des facteurs est nul.

$x - 1 = 0$ donc $x = 1$

ou $3x + 2 = 0$ donc $x = -\frac{2}{3}$

Conclusion : 1 et $-\frac{2}{3}$ sont les solutions de l'équation.

EXERCICE 3

▶ **1.** Résolvons le système :

$$\begin{cases} 2x + 3y = 30 & (1) \\ x - y = 5 & (2) \end{cases}$$

Multiplions chaque membre de l'équation (2) par 3. Nous obtenons :

$$\begin{cases} 2x + 3y = 30 & (1') \\ 3x - 3y = 15 & (2') \end{cases}$$

Additionnons membre à membre.

$5x = 45$ soit $x = 9$

Remplaçons x par 9 dans (1'). Il vient :

$2 \times 9 + 3y = 30$

$3y = 12$

$\boxed{y = 4}$

Conclusion : Le système admet pour solution $x = 9$ et $y = 4$.

▶ **2.** Soient x et y les prix respectifs en euros d'une bande dessinée et d'un livre de poche. L'énoncé nous amène au système suivant :

$$\begin{cases} 2x + 3y = 30 \\ x - y = 5 \end{cases}$$

Ce système a été résolu à la question précédente.

Une bande dessinée coûte 9 euros tandis qu'un livre de poche coûte 4 euros.

25 NICE, AIX-MARSEILLE, CORSE, MONTPELLIER, TOULOUSE • JUIN 2002 — 12 POINTS

SUJET

PROBLÈME

Les trois parties sont indépendantes.

En octobre 2001, un groupe de 15 amis a participé à un semi-marathon (course à pied de 21 km).
Le diagramme en bâtons ci-après précise les résultats du groupe.
Il indique par exemple que 4 de ces amis ont couru ce semi-marathon en 105 minutes.

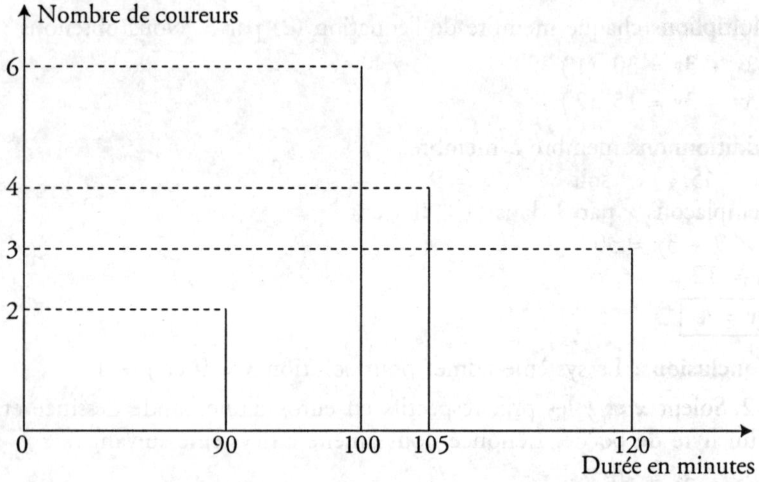

✪ Première partie

▶ **1.** Compléter le tableau suivant :

Durées en minutes	90	100	105	120
Effectifs (nombre de coureurs)			4	

▶ **2.** On a défini ci-dessus la série statistique donnant la durée de la course des coureurs.

À l'aide du diagramme en bâtons ou du tableau complété ci-dessus :

a) calculer son étendue ;

b) déterminer sa médiane ;

c) calculer sa moyenne.

✪ Deuxième partie

Fabien, l'un des participants, a parcouru les 21 km à la vitesse constante de 12 km par heure.

▶ **1.** Déterminer en minutes la durée de la course de Fabien.

▶ **2.** On s'intéresse à la distance en km séparant Fabien de la ligne d'arrivée après x minutes de course ($0 \leqslant x \leqslant 105$).
On note $f(x)$ cette distance et on admet que $f(x) = 21 - 0{,}2x$.
Ainsi $f(10) = 19$ indique qu'après 10 minutes de course, Fabien est à 19 km de la ligne d'arrivée.
Tracer dans un repère orthogonal la représentation graphique de la fonction affine f définie par :
$f(x) = 21 - 0{,}2x$
On prendra comme unités :
- sur l'axe des abscisses, 1 cm pour 10 unités ;
- sur l'axe des ordonnées, 1 cm pour 2 unités.

▶ **3.** Par lecture graphique (laisser visibles les tracés utiles), déterminer :
a) la distance en kilomètres séparant Fabien de l'arrivée après 30 minutes de course ;
b) la durée en minutes écoulée depuis le départ lorsque Fabien est à 7 km de l'arrivée.

▶ **4.** *a)* Résoudre l'équation : $21 - 0{,}2x = 17$.
b) Que représente pour le problème la solution de cette équation ?

✪ Troisième partie

On suppose dans cette partie que les 9 premiers kilomètres sont en montée, les 12 autres en descente.
Laurent a parcouru :
- les 9 premiers kilomètres en 40 minutes ;
- les 12 derniers kilomètres en 50 minutes.

▶ **1.** Calculer, en km par heure, la vitesse moyenne de Laurent en montée.

▶ **2.** Calculer, en km par heure, la vitesse moyenne de Laurent en descente.

▶ **3.** Calculer, en km par heure, la vitesse moyenne de Laurent sur le parcours total.

CORRIGÉ

PROBLÈME

✪ Première partie

▶ 1. Tableau complété :

Durées en minutes	90	100	105	120
Effectifs (nombre de coureurs)	**2**	**6**	**4**	**3**

▶ 2. *a)* Étendue *e* de la série statistique.

C'est la différence entre la plus grande et la plus petite valeur de la série statistique.

$e = 120 - 90$

e = 30 minutes

b) Détermination de la médiane M.

C'est la valeur qui partage la série statistique, rangée par ordre croissant (ou décroissant), en deux parties de même effectif. Cette série rangée par ordre croissant s'écrit :

90 - 90 - 100 - 100 - 100 - 100 - 100 - [100] - 105 - 105 - 105 - 105 - 120 - 120 - 120

Avant le terme encadré (100), il existe 7 termes. Après lui, il existe aussi 7 termes.

M = 100 minutes

c) Calcul de la moyenne *m*.

$$m = \frac{2 \times 90 + 6 \times 100 + 4 \times 105 + 3 \times 120}{15}$$

m = 104 minutes

✪ Deuxième partie

▶ 1. Notons T_f la durée de la course de Fabien.

$$T_f = \frac{21}{12} = 1{,}75 \text{ heure}$$

T_f = 105 minutes

▶ **2.** La représentation graphique de la fonction affine f est la droite ($\mathscr{D}$) passant par les points P(0 ; 21) et Q(105 ; 0).

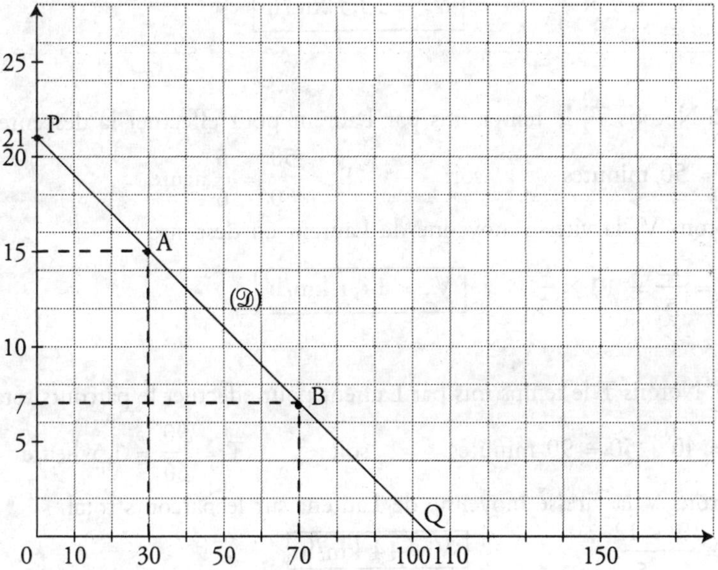

▶ **3.** *a)* Après 30 minutes de course, Fabien se trouve à 15 km de l'arrivée. En effet, le point A situé sur ($\mathscr{D}$) et d'abscisse 30 admet pour ordonnée 15.

b) Lorsque Fabien se trouve à 7 km de l'arrivée, il s'est écoulé 70 minutes depuis son départ. En effet, le point B situé sur ($\mathscr{D}$) et d'ordonnée 7 admet pour abscisse 70.

▶ **4.** *a)* Résolvons l'équation :

$21 - 0{,}2x = 17$ $\qquad 21 - 17 = 0{,}2x$

$0{,}2x = 4$ $\qquad x = \dfrac{4}{0{,}2}$ $\qquad x = 20$

Conclusion : L'équation admet 20 pour solution.

b) Interprétation de la question 4. *a)* :

Lorsque 20 minutes se sont écoulées depuis le départ de Fabien, ce dernier se trouve à 17 km de l'arrivée.

✪ Troisième partie

▶ **1.** Notons T_1 le temps mis par Laurent pour effectuer la montée.

$T_1 = 40$ minutes $\qquad$ soit $\qquad T_1 = \dfrac{40}{60} = \dfrac{2}{3}$ heure

CORRIGÉ

Notons V_1 la vitesse moyenne de Laurent en montée.

$V_1 = \dfrac{9}{\dfrac{2}{3}} = 9 \times \dfrac{3}{2}$ **$V_1 = 13{,}5$ km/h**

▶ **2.** Notons T_2 le temps mis par Laurent pour effectuer la descente.

$T_2 = 50$ minutes soit $T_2 = \dfrac{50}{60} = \dfrac{5}{6}$ heure

Notons V_2 la vitesse moyenne de Laurent en descente.

$V_2 = \dfrac{12}{\dfrac{5}{6}} = 12 \times \dfrac{6}{5}$ **$V_2 = 14{,}4$ km/h**

▶ **3.** Notons T le temps mis par Laurent pour effectuer le parcours total.

$T = 40 + 50 = 90$ minutes soit $T = \dfrac{90}{60} = 1{,}5$ heure

Notons V la vitesse moyenne de Laurent sur le parcours total.

$V = \dfrac{9 + 12}{1{,}5}$ **V = 14 km/h**

26 GRENOBLE SEPTEMBRE 2002 **12 POINTS**

SUJET

EXERCICE 1

▶ **1.** On considère : $A = \dfrac{3}{5} + \dfrac{6}{5} : \dfrac{18}{7}$.

Calculer A en indiquant les étapes (on donnera le résultat sous forme d'une fraction irréductible).

▶ 2. On considère :

$B = \sqrt{25} + \sqrt{20} + \sqrt{80}$ et $C = (\sqrt{5} + 2)^2 + (\sqrt{5} - 1)(\sqrt{5} + 1)$

Calculer B et C (on donnera les résultats sous la forme $a + b\sqrt{5}$, où a et b sont des nombres entiers relatifs).

EXERCICE 2

On considère : $D = (3x - 7)^2 - 81$.

▶ 1. Développer D.

▶ 2. Factoriser D.

▶ 3. Résoudre l'équation : $(3x - 16)(3x + 2) = 0$.

EXERCICE 3

▶ 1. Calculer le plus grand commun diviseur (PGCD) de 496 et de 806.

▶ 2. Écrire $\frac{496}{806}$ sous la forme d'une fraction irréductible.

▶ 3. Calculer $\frac{496}{806} - \frac{3}{26}$ (on donnera le résultat sous la forme d'une fraction irréductible).

EXERCICE 4

Perrine a 100 euros. Elle souhaite acheter des disques et des livres.
Si elle achète 4 disques et 5 livres, il lui manque 9,5 euros.
Si elle achète 3 disques et 4 livres, il lui reste 16 euros.
Calculer le prix d'un disque et celui d'un livre.

CORRIGÉ

EXERCICE 1

▶ **1.** Calculons A.

$$A = \frac{3}{5} + \frac{6}{5} : \frac{18}{7}$$

Appliquons les règles de priorité et effectuons d'abord la division. Nous savons que pour diviser deux fractions, on multiplie la fraction numérateur par l'inverse de la fraction dénominateur.

$$A = \frac{3}{5} + \frac{6}{5} \times \frac{7}{18}$$

Nous savons aussi que pour multiplier deux fractions, on multiplie les numérateurs entre eux et les dénominateurs entre eux.

$$A = \frac{3}{5} + \frac{7}{15}$$

Réduisons maintenant au même dénominateur.

$$A = \frac{9}{15} + \frac{7}{15}$$

$$\boxed{A = \frac{16}{15}}$$

▶ **2.** Calculons B.

$$B = \sqrt{25} + \sqrt{20} + \sqrt{80}$$

$$B = \sqrt{5^2} + \sqrt{2^2 \times 5} + \sqrt{4^2 \times 5}$$

$$B = 5 + 2\sqrt{5} + 4\sqrt{5}$$

$$\boxed{B = 5 + 6\sqrt{5}}$$

Calculons C.

$$C = (\sqrt{5} + 2)^2 + (\sqrt{5} - 1)(\sqrt{5} + 1)$$

Utilisons les identités remarquables :

$(a + b)^2 = a^2 + 2ab + b^2$ et $(a + b)(a - b) = a^2 - b^2$

$$C = (5 + 4\sqrt{5} + 4) + (5 - 1)$$

$$\boxed{C = 13 + 4\sqrt{5}}$$

EXERCICE 2

Nous avons $D = (3x - 7)^2 - 81$.

▶ **1.** Développons D.

Pour ce faire, utilisons l'identité remarquable $(a - b)^2 = a^2 - 2ab + b^2$.

$D = (9x^2 - 42x + 49) - 81$

$$\boxed{D = 9x^2 - 42x - 32}$$

▶ **2.** Factorisons D.

Pour ce faire, utilisons l'identité remarquable $a^2 - b^2 = (a + b)(a - b)$.

$D = (3x - 7)^2 - 9^2$

$D = (3x - 7 + 9)(3x - 7 - 9)$

$$\boxed{D = (3x + 2)(3x - 16)}$$

▶ **3.** Résolvons l'équation $(3x - 16)(3x + 2) = 0$.

Puisque nous avons un produit de facteurs nul, alors l'un au moins des facteurs est nul.

$3x - 16 = 0$ soit $x = \frac{16}{3}$

ou $3x + 2 = 0$ soit $x = -\frac{2}{3}$

Conclusion : $\frac{16}{3}$ et $-\frac{2}{3}$ sont les solutions de l'équation.

EXERCICE 3

▶ **1.** Calculons le PGCD des nombres 496 et 806.

Utilisons l'algorithme d'Euclide.

$806 = 1 \times 496 + 310$

$496 = 1 \times 310 + 186$

$310 = 1 \times 186 + 124$

$186 = 1 \times 124 + 62$

$124 = 2 \times 62 + 0$

Le dernier reste non nul est 62.

Conclusion : Le PGCD des nombres 496 et 806 est 62.

▶ **2.** Posons $F = \frac{496}{806}$.

$F = \frac{62 \times 8}{62 \times 13}$ $\boxed{F = \frac{8}{13}}$

CORRIGÉ

▸ 3. Posons $E = \dfrac{496}{806} - \dfrac{3}{26}$.

$E = \dfrac{8}{13} - \dfrac{3}{26}$

$E = \dfrac{16}{26} - \dfrac{3}{26}$

$\boxed{E = \dfrac{1}{2}}$

EXERCICE 4

Notons x et y les prix respectifs en euros d'un disque et d'un livre. Nous pouvons traduire l'énoncé par le système de deux équations à deux inconnues suivant :

$$\begin{cases} 4x + 5y = 109{,}5 & (1) \\ 3x + 4y = 84 & (2) \end{cases}$$

Multiplions chaque membre de l'équation (1) par 3 et chaque membre de l'équation (2) par – 4. Il vient :

$$\begin{cases} 12x + 15y = 328{,}5 & (1') \\ -12x - 16y = -336 & (2') \end{cases}$$

Additionnons membre à membre. Nous obtenons :

$-y = -7{,}5$ soit $y = 7{,}5$

Remplaçons y par 7,5 dans l'équation (1') par exemple.

$12x + 15 \times 7{,}5 = 328{,}5$

$12x = 328{,}5 - 112{,}5$

$12x = 216$ soit $x = 18$

Conclusion : Un disque coûte 18 euros alors qu'un livre coûte 7,5 euros.

SUJET

PROBLÈME

L'unité de longueur est le centimètre, l'unité d'aire est le centimètre carré, l'unité de volume est le centimètre cube.

On considère le pavé droit ABCDA'B'C'D'.
On note L le point d'intersection des segments [AC] et [BD].
On a creusé ce pavé en enlevant la pyramide OABCD de hauteur [OL].
On a : DD' = 5 DC = 6 DA = 7

✪ Première partie

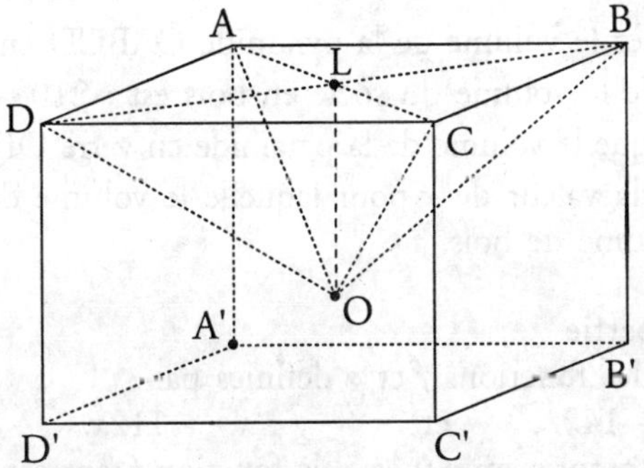

Dans cette partie, on a OL = 4.

▶ **1.** Construire, en vraie grandeur, la face ABCD et placer le point L.

▶ **2.** *a)* Calculer BD (on donnera une valeur arrondie au dixième).

b) En déduire DL (on donnera une valeur arrondie au dixième).

▶ **3.** *a)* Calculer le volume du pavé droit ABCDA'B'C'D'.

b) Calculer le volume de la pyramide OABCD.

c) En déduire le volume du pavé creusé.

✪ Deuxième partie

Dans cette partie, on pose : OL = x, où x est un nombre compris entre 0 et 5.

Le pavé creusé que l'on obtient est le socle en bois d'un trophée. Sur ce socle, on pose une pyramide en verre OEFGH qui est un agrandissement de la pyramide OABCD, de rapport 2.

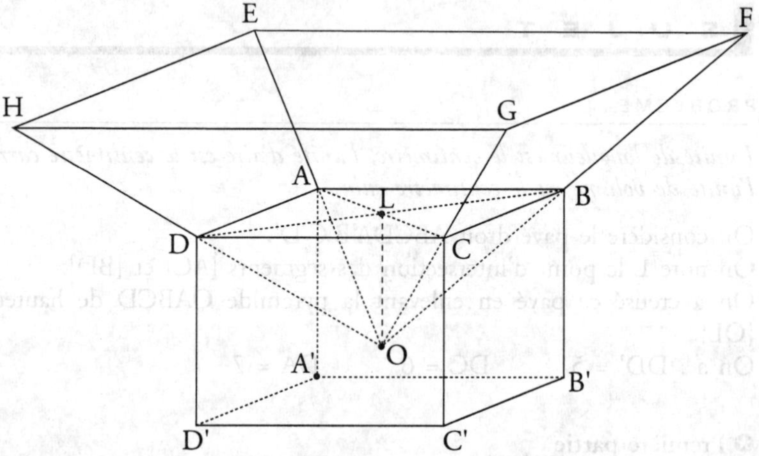

▶ **1.** *a)* Calculer le volume de la pyramide OABCD en fonction de x.
b) Montrer que le volume du socle en bois est : $210 - 14x$.
▶ **2.** Montrer que le volume de la pyramide en verre OEFGH est $112x$.
▶ **3.** Calculer la valeur de x pour laquelle le volume de verre est égal à 2 fois le volume de bois.

✪ Troisième partie
On considère les fonctions f et g définies par :
$f : x \mapsto 210 - 14x$ et $g : x \mapsto 112x$.
Lorsque x est compris entre 0 et 5, la fonction f représente les variations du volume de bois et la fonction g représente les variations du volume de verre.
▶ **1.** Représenter graphiquement les fonctions f et g pour x compris entre 0 et 5.
Pour le repère, on prendra :
- l'origine en bas à gauche de la feuille ;
- sur l'axe des abscisses, 2 cm pour 1 unité ;
- sur l'axe des ordonnées, 1 cm pour 25 unités.

▶ **2.** *a)* On veut que le volume de bois et le volume de verre soient égaux. En utilisant le graphique, donner une valeur approchée de x pour qu'il en soit ainsi (faire apparaître le tracé ayant permis de répondre).
b) Retrouver ce résultat par un calcul.

CORRIGÉ

✪ Première partie

▶ **1.** Voir figure.

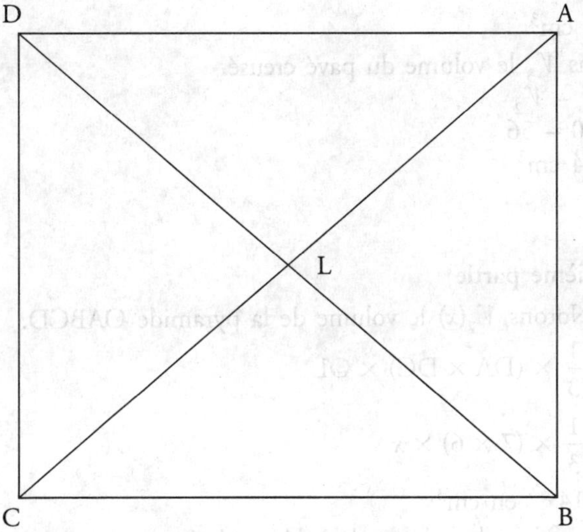

▶ **2.** *a)* Appliquons le théorème de Pythagore au triangle ABD rectangle en A.

$BD^2 = AB^2 + AD^2$

$BD^2 = (6)^2 + (7)^2$

$BD^2 = 85$

$BD = \sqrt{85}$

BD = 9,2	valeur arrondie au dixième

b) Le point L est le point d'intersection des diagonales du rectangle ABCD, il est donc le milieu du segment [BD].

$DL = \frac{1}{2}DB$

DL = 4,6	valeur arrondie au dixième

▶ **3.** *a)* Notons $\mathcal{V}_1$ le volume du pavé droit ABCDA'B'C'D'.

$\mathcal{V}_1 = DA \times DC \times DD'$

$\mathcal{V}_1 = 7 \times 6 \times 5$

$\mathcal{V}_1 = 210 \text{ cm}^3$

CORRIGÉ

b) Notons $\mathcal{V}_2$ le volume de la pyramide OABCD.

$\mathcal{V}_2 = \frac{1}{3} \times (\text{DA} \times \text{DC}) \times \text{OL}$

$\mathcal{V}_2 = \frac{1}{3} \times (7 \times 6) \times 4$

$\mathcal{V}_2 = 56 \text{ cm}^3$

c) Notons $\mathcal{V}_3$ le volume du pavé creusé.

$\mathcal{V}_3 = \mathcal{V}_1 - \mathcal{V}_2$

$\mathcal{V}_3 = 210 - 56$

$\mathcal{V}_3 = 154 \text{ cm}^3$

✪ Deuxième partie

▶ **1.** *a)* Notons $\mathcal{V}_2(x)$ le volume de la pyramide OABCD.

$\mathcal{V}_2(x) = \frac{1}{3} \times (\text{DA} \times \text{DC}) \times \text{OL}$

$\mathcal{V}_2(x) = \frac{1}{3} \times (7 \times 6) \times x$

$\mathcal{V}_2(x) = 14x$ en cm^3

b) Notons $\mathcal{V}_3(x)$ le volume du socle en bois.

$\mathcal{V}_3(x) = \mathcal{V}_1 - \mathcal{V}_2(x)$

$\mathcal{V}_3(x) = 210 - 14x$ en cm^3

▶ **2.** Notons $\mathcal{V}_4(x)$ le volume de la pyramide OEFGH. Puisque cette pyramide est un agrandissement de la pyramide OABCD dans le rapport 2, alors :

$\mathcal{V}_4(x) = (2)^3 \times \mathcal{V}_2(x)$

$\mathcal{V}_4(x) = 8 \times 14x$

$\mathcal{V}_4(x) = 112x$ en cm^3

▶ **3.** Nous devons résoudre l'équation :

$112x = 2 \times (210 - 14x)$

$112x = 420 - 28x$

$112x + 28x = 420$

$140x = 420$

$x = \frac{420}{140}$

$\boxed{x = 3}$ en cm

✪ Troisième partie

▶ **1.** La représentation graphique de la fonction f pour $0 \leqslant x \leqslant 5$ est le segment [MN], avec M(0 ; 210) et N(5 ; 140).
La représentation graphique de la fonction g pour $0 \leqslant x \leqslant 5$ est le segment [OP], avec P(5 ; 560).

▶ **2.** *a)* Les segments [MN] et [OP] se coupent en Q.
Sur le graphique, nous pouvons lire que l'abscisse du point Q est égale à environ 1,7.

Conclusion :
Les volumes du bois et du verre sont égaux lorsque x vaut à peu près 1,7 cm.

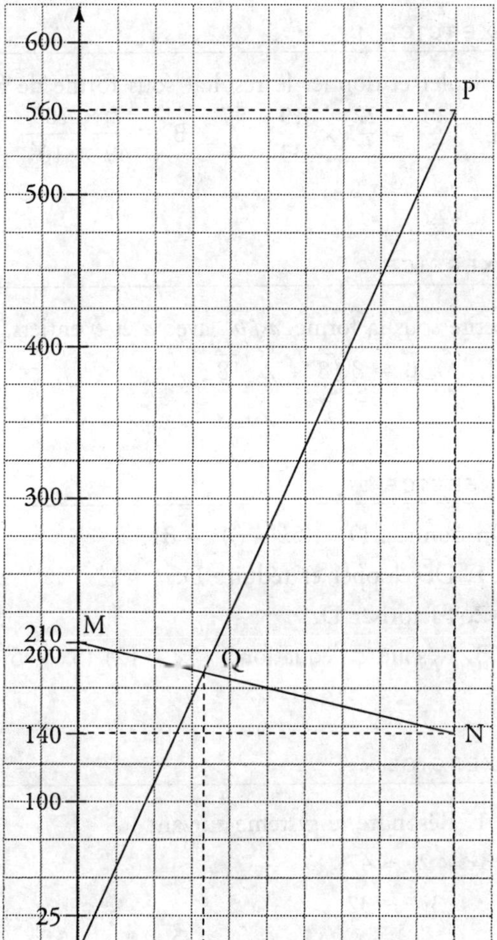

b) Pour trouver la valeur exacte de x, nous devons résoudre l'équation :

$112x = 210 - 14x$

$112x + 14x = 210$

$126x = 210$

$x = \frac{210}{126}$

$x = \frac{5 \times 42}{3 \times 42}$

$x = \frac{5}{3}$

Conclusion :
Les volumes du bois et du verre sont égaux lorsque x vaut exactement $\frac{5}{3}$ en cm.

SUJET

EXERCICE 1

Calculer et donner le résultat sous forme de fraction irréductible :

$A = \frac{26}{7} - \frac{22}{7} \times \frac{10}{33}$ $\qquad B = \frac{7 \times 10^{35}}{49 \times 10^{34}}$

EXERCICE 2

Écrire sous la forme $a\sqrt{b}$, avec a et b entiers, b le plus petit possible :

$C = \sqrt{50} - 3\sqrt{8} + 2\sqrt{18}$

EXERCICE 3

On donne : $D = (5x - 3)^2 - 81$.

▶ 1. Développer et réduire D.

▶ 2. Factoriser D.

▶ 3. Résoudre l'équation : $(5x - 12)(5x + 6) = 0$.

EXERCICE 4

▶ 1. Résoudre le système suivant :

$$\begin{cases} 3x + 2y = 47 \\ x + 3y = 32 \end{cases}$$

▶ 2. À la pépinière, un client achète 3 plants de manguier et 2 plants de goyavier pour 47 €.
Un autre client paye 32 € pour un plant de manguier et 3 plants de goyavier.
Déterminer le prix d'un plant de manguier et le prix d'un plant de goyavier.

CORRIGÉ

EXERCICE 1

• Calculons $A = \frac{26}{7} - \frac{22}{7} \times \frac{10}{33}$.

Simplifions d'abord A.

$A = \frac{26}{7} - \frac{2}{7} \times \frac{10}{3}$

Réduisons au même dénominateur.

$A = \frac{78}{21} - \frac{20}{21}$

$$\boxed{A = \frac{58}{21}}$$

• Calculons $B = \frac{7 \times 10^{35}}{49 \times 10^{34}}$.

$B = \frac{7}{49} \times \frac{10^{35}}{10^{34}}$

Nous savons que $\frac{a^m}{a^n} = a^{m-n}$

$B = \frac{1}{7} \times 10^1$

$$\boxed{B = \frac{10}{7}}$$

EXERCICE 2

Nous avons $C = \sqrt{50} - 3\sqrt{8} + 2\sqrt{18}$.

$C = \sqrt{5^2 \times 2} - 3\sqrt{2^2 \times 2} + 2\sqrt{3^2 \times 2}$

$C = 5\sqrt{2} - 6\sqrt{2} + 6\sqrt{2}$

$$\boxed{C = 5\sqrt{2}}$$

EXERCICE 3

Nous avons l'expression $D = (5x - 3)^2 - 81$.

▶ **1.** Développons puis réduisons D.
Pour ce faire, utilisons l'identité remarquable $(a - b)^2 = a^2 - 2ab + b^2$.
$D = (25x^2 - 30x + 9) - 81$

$$\boxed{D = 25x^2 - 30x - 72}$$

▶ **2.** Factorisons D.
Pour ce faire, utilisons l'identité remarquable $a^2 - b^2 = (a + b)(a - b)$.
$D = (5x - 3)^2 - (9)^2$
$D = (5x - 3 + 9)(5x - 3 - 9)$

$$\boxed{D = (5x + 6)(5x - 12)}$$

▶ **3.** Résolvons l'équation $(5x - 12)(5x + 6) = 0$.
Puisque le produit de facteurs est nul, alors l'un au moins des facteurs est nul.

$5x - 12 = 0$ soit $x = \dfrac{12}{5}$

ou $5x + 6 = 0$ soit $x = -\dfrac{6}{5}$

Conclusion : $\dfrac{12}{5}$ et $-\dfrac{6}{5}$ sont les solutions de l'équation.

EXERCICE 4

▶ **1.** Nous avons le système :

$$\begin{cases} 3x + 2y = 47 & (1) \\ x + 3y = 32 & (2) \end{cases}$$

Résolvons par substitution.
De l'équation (2), nous sortons : $x = 32 - 3y$.
Remplaçons x par $32 - 3y$ dans l'équation (1). Il vient :
$3(32 - 3y) + 2y = 47$
$96 - 9y + 2y = 47$
$-7y = 47 - 96$
$-7y = -49$
$y = \dfrac{-49}{-7} = 7$

Alors, puisque $x = 32 - 3y$, nous avons :
$x = 32 - 3 \times 7$
$x = 11$

Conclusion : Le système admet pour solution $x = 11$ et $y = 7$.

▶ **2.** Notons x et y les prix respectifs en euros d'un plant de manguier et d'un plant de goyavier. L'énoncé de cette question se traduit par le système de deux équations à deux inconnues suivant :

$$\begin{cases} 3x + 2y = 47 \\ x + 3y = 32 \end{cases}$$

Ce système a déjà été résolu à la question précédente.

Conclusion : Un plant de manguier coûte 11 euros, alors qu'un plan de goyavier coûte 7 euros.

29 PARIS — SEPTEMBRE 2002 — 12 POINTS

SUJET

EXERCICE 1

Soient : $A = \frac{1}{5} - \frac{3}{5} : \frac{12}{7}$ $\quad B = \frac{7 \times (10^5)^2 \times 10^{-3}}{35 \times 10^3}$

$C = 4\sqrt{45} + 2\sqrt{5} - \sqrt{500}$

▶ **1.** Calculer A et donner le résultat sous forme d'une fraction irréductible.

▶ **2.** Calculer B et donner le résultat en écriture scientifique.

▶ **3.** Calculer C et donner le résultat sous la forme $a\sqrt{5}$, où a est un entier relatif.

EXERCICE 2

Soit D = $(2x - 5)(x + 3) - (2x - 5)^2$.

▶ 1. Développer et réduire D.

▶ 2. Factoriser D.

▶ 3. Résoudre l'équation : $(2x - 5)(-x + 8) = 0$.

EXERCICE 3

Pour la fête du village, le pâtissier a préparé des sachets contenant des gâteaux.
Dans certains, il a mis des pains au chocolat, et dans les autres des croissants.
Il a mis le même nombre de gâteaux dans chaque sachet.
Il y a en tout 910 pains au chocolat et 693 croissants.

▶ 1. Combien a-t-il mis de gâteaux dans chaque sachet ?

▶ 2. Combien y a-t-il de sachets contenant des croissants ?

EXERCICE 4

Le gérant d'un cinéma a réalisé un sondage auprès de 400 personnes en leur demandant combien de films il ont regardé dans ses salles pendant le mois qui vient de s'écouler.
Il a ensuite dressé le tableau ci-après.

▶ 1. Compléter ce tableau.

▶ 2. *a)* Quel est le nombre de personnes qui ont regardé un seul film le mois dernier ?

b) Exprimer ce résultat en pourcentage.

▶ 3. Combien de personnes ont regardé moins de 4 films le mois dernier ?

▶ 4. Combien de films, en moyenne, les personnes interrogées ont-elles regardé le mois dernier ?
Justifier par un calcul et arrondir le résultat à l'unité.

Nombre de films regardés	Effectifs	Effectifs cumulés croissants
0	50	
1	60	
2	120	
3	40	
4	50	
5	30	
6		
7	20	
8	10	

CORRIGÉ

EXERCICE 1

▶ **1.** Calculons $A = \frac{1}{5} - \frac{3}{5} : \frac{12}{7}$.

Pour diviser deux fractions, il faut multiplier la fraction numérateur par l'inverse de la fraction dénominateur.

$A = \frac{1}{5} - \frac{3}{5} \times \frac{7}{12}$ ou encore $A = \frac{1}{5} - \frac{1}{5} \times \frac{7}{4}$

c'est-à-dire $A = \frac{1}{5} - \frac{7}{20}$

Réduisons au même dénominateur.

$A = \frac{4}{20} - \frac{7}{20}$

$\boxed{A = -\frac{3}{20}}$

A est bien donné sous forme d'une fraction irréductible.

▶ **2.** Calculons $B = \dfrac{7 \times (10^5)^2 \times 10^{-3}}{35 \times 10^3}$.

$$B = \frac{7}{35} \times \frac{(10^5)^2 \times 10^{-3}}{10^3}$$

Nous savons que :

$(a^m)^n = a^{m \times n}$ $\quad a^m \times a^n = a^{m+n}$ $\quad \dfrac{a^m}{a^n} = a^{m-n}$

$$B = \frac{1}{5} \times \frac{10^{10} \times 10^{-3}}{10^3}$$

$$B = \frac{1}{5} \times \frac{10^7}{10^3}$$

$B = 0{,}2 \times 10^{7-3}$

$B = 0{,}2 \times 10^4$

$B = 2 \times 10^3$ B est donné ici en écriture scientifique.

▶ **3.** Calculons $C = 4\sqrt{45} + 2\sqrt{5} - \sqrt{500}$.

$C = 4\sqrt{3^2 \times 5} + 2\sqrt{5} - \sqrt{10^2 \times 5}$

$C = 12\sqrt{5} + 2\sqrt{5} - 10\sqrt{5}$

$C = 4\sqrt{5}$

C est bien donné ici sous la forme $a\sqrt{5}$, avec a entier relatif.

EXERCICE 2

Nous avons $D = (2x - 5)(x + 3) - (2x - 5)^2$.

▶ **1.** Développons puis réduisons D.

Pour ce faire, utilisons l'identité remarquable $(a - b)^2 = a^2 - 2ab + b^2$.

$D = (2x^2 - 5x + 6x - 15) - (4x^2 - 20x + 25)$

$D = 2x^2 + x - 15 - 4x^2 + 20x - 25$

$D = -2x^2 + 21x - 40$

▶ **2.** Factorisons D.

Mettons $(2x - 5)$ en facteur.

$D = (2x - 5)[(x + 3) - (2x - 5)]$

$D = (2x - 5)(x + 3 - 2x + 5)$

$D = (2x - 5)(-x + 8)$

▶ **3.** Résolvons l'équation $(2x - 5)(-x + 8) = 0$.
Puisque nous avons un produit de facteurs nul, alors l'un au moins des facteurs est nul.

$2x - 5 = 0$ soit $x = \frac{5}{2}$

ou $-x + 8 = 0$ soit $x = 8$

Conclusion : $\frac{5}{2}$ et 8 sont les solutions de l'équation.

EXERCICE 3

▶ **1.** Recherchons le PGCD des nombres 910 et 693. Utilisons l'algorithme d'Euclide.
$910 = 1 \times 693 + 217$
$693 = 3 \times 217 + 42$
$217 = 5 \times 42 + 7$
$42 = 6 \times 7 + 0$
Le dernier reste non nul est 7.

Conclusion : 7 est le PGCD des deux nombres 910 et 693.
Le pâtissier pourra donc mettre 7 gâteaux dans chaque sachet.

▶ **2.** Nous remarquons que $693 = 99 \times 7$.
Il y aura donc 99 sachets contenant chacun 7 croissants.

EXERCICE 4

▶ **1.** Complétons le tableau.

Nombre de films regardés	Effectifs	Effectifs cumulés croissants
0	50	**50**
1	60	**110**
2	120	**230**
3	40	**270**
4	50	**320**
5	30	**350**
6	20	**370**
7	20	**390**
8	10	**400**

▶ 2. *a)* **60 personnes** ont regardé un seul film durant le mois dernier.
b) Appelons p_1 le pourcentage correspondant.

$$p_1 = \frac{60}{400} \times 100$$

$$\boxed{p_1 = 15\,\%}$$

▶ 3. Regarder moins de 4 films signifie regarder 0 film ou 1 film ou 2 films ou 3 films.
En utilisant la colonne relative aux effectifs cumulés croissants, nous remarquons que **270 personnes** ont regardé moins de 4 films le mois dernier.

▶ 4. Calculons la moyenne m de cette série statistique.

$$m = \frac{0\times50+1\times60+2\times120+3\times40+4\times50+5\times30+6\times20+7\times20+8\times10}{400}$$

$$m = \frac{1\,110}{400} = 2{,}775$$

Les personnes interrogées ont regardé en moyenne **3 films** le mois dernier.

30 PARIS SEPTEMBRE 2002 — 12 POINTS

SUJET

PROBLÈME

Une agence de location de cassettes vidéo propose à ses clients le choix entre deux tarifs :
Tarif 1 : Un abonnement mensuel de 15 € et 0,70 € par cassette louée.
Tarif 2 : Un abonnement mensuel de 11 € et 1,50 € par cassette louée.

▶ 1. Compléter le tableau ci-après.

Nombre de cassettes louées	0	1	2	6	10
Prix payé avec le tarif 1					
Prix payé avec le tarif 2					

▶ **2.** On appelle x le nombre de cassettes louées par un client en un mois. Exprimer, en fonction de x :

a) le prix payé avec le tarif 1, noté $P_1(x)$;

b) le prix payé avec le tarif 2, noté $P_2(x)$.

▶ **3.** Représenter graphiquement les fonctions affines :
$P_1 : x \mapsto P_1(x) = 0{,}7x + 15$ et $P_2 : x \mapsto P_2(x) = 1{,}5x + 11$
On utilisera une feuille de papier millimétré.
On prendra sur l'axe des abscisses 1 cm pour une cassette, et sur l'axe des ordonnées 1 cm pour 2 €.

▶ **4.** *a)* Résoudre l'équation : $0{,}7x + 15 = 1{,}5x + 11$.
Interpréter le résultat.

b) Vérifier graphiquement cette solution en faisant apparaître les pointillés utiles.

▶ **5.** En utilisant le graphique, combien faut-il louer de cassettes en un mois pour que le tarif 1 soit plus intéressant que le tarif 2 ?

▶ **6.** Monsieur Avent a choisi le tarif 2 et a payé 29 € pour le mois. Utiliser le graphique pour déterminer le nombre de cassettes qu'il a louées dans le mois.
Faire apparaître les pointillés utiles.

▶ 7. Monsieur Comic a choisi le tarif 1 et a payé 19,90 € pour le mois.
a) Trouver par un calcul le nombre de cassettes qu'il a louées dans le mois.

b) Dans ce cas, quel est le prix moyen de la location d'une cassette ? Arrondir le résultat au centième d'euro.

▶ **8.** L'agence décide de proposer un troisième tarif à ses clients : un prix mensuel de 23 € quel que soit le nombre de cassettes louées dans le mois.
a) Représenter sur le même graphique le prix P_3 payé avec le tarif 3.
b) Combien faut-t-il louer de cassettes pour que ce nouveau tarif soit plus avantageux que les autres ?

CORRIGÉ

PROBLÈME

▶ **1.** Complétons le tableau.

Nombre de cassettes louées	0	1	2	6	10
Prix payé en € avec le tarif 1	15	15,7	16,4	19,2	22
Prix payé en € avec le tarif 2	11	12,5	14	20	26

▶ **2.** *a)* Le prix payé pour la location de x cassettes au tarif 1 est donné par : $P_1(x) = 0{,}7x + 15$.

b) Le prix payé pour la location de x cassettes au tarif 2 est donné par : $P_2(x) = 1{,}5x + 11$.

▶ **3.** La représentation graphique de la fonction P_1 est la droite $(\mathcal{D}_1)$ qui passe par les points $A_1(0 ; 15)$ et $B_1(10 ; 22)$.

La représentation graphique de la fonction P_2 est la droite $(\mathcal{D}_2)$ qui passe par les points $A_2(0 ; 11)$ et $B_2(10 ; 26)$.

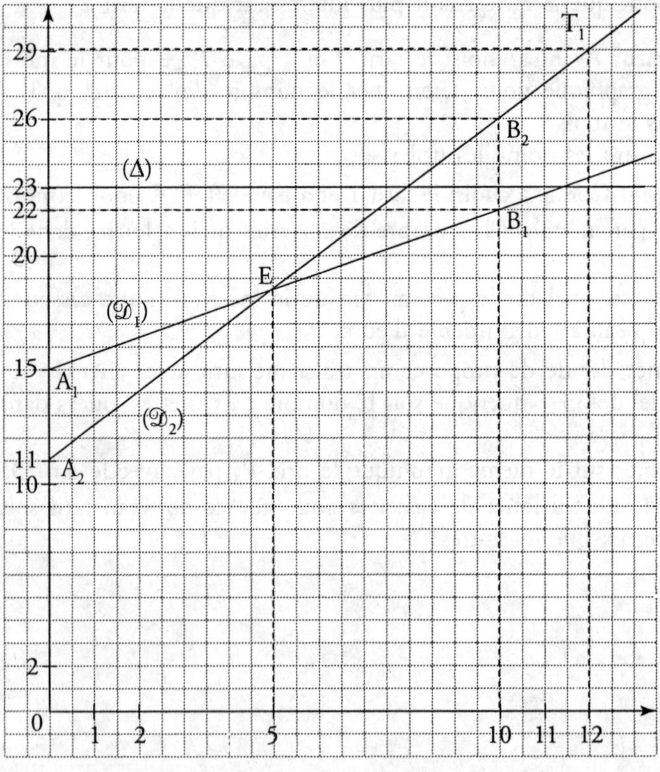

▶ 4. *a)* Résolvons l'équation $0{,}7x + 15 = 1{,}5x + 11$.

$0{,}7x - 1{,}5x = 11 - 15$

$-0{,}8x = -4$

$x = \dfrac{-4}{-0{,}8}$

$x = 5$

Nous venons de trouver la valeur de x telle que $P_1(x) = P_2(x)$.

Conclusion : Lorsqu'on loue 5 cassettes, on paie le même prix avec le tarif 1 ou le tarif 2.

b) Nous remarquons sur le graphique que les droites $(\mathcal{D}_1)$ et $(\mathcal{D}_2)$ se coupent en un point E. Nous lisons que le point E a pour abscisse 5. Nous retrouvons ainsi graphiquement le résultat trouvé par le calcul à la question 4. *a)*.

▶ 5. Nous lisons sur le graphique que la droite $(\mathcal{D}_1)$ est au-dessous de la droite $(\mathcal{D}_2)$ lorsque x est supérieur à 5.

Conclusion : À partir de la location mensuelle de 6 cassettes, le tarif 1 est plus avantageux que le tarif 2.

▶ 6. Nous lisons sur le graphique que le point T_1 de la droite $(\mathcal{D}_2)$ et d'ordonnée 29 a pour abscisse 12. Monsieur Avent a donc loué 12 cassettes dans le mois.

▶ 7. *a)* Pour trouver le nombre de cassettes louées par Monsieur Comic, il suffit de résoudre l'équation $0{,}7x + 15 = 19{,}9$.

$0{,}7x = 19{,}9 - 15$

$0{,}7x = 4{,}9$

$x = \dfrac{4{,}9}{7} = 7$

Conclusion : Monsieur Comic a loué pour le mois 7 cassettes au tarif 1.

b) Notons m le prix moyen de la location d'une cassette.

$m = \dfrac{19{,}9}{7}$

ou encore $\boxed{m = 2{,}84}$ valeur arrondie au centième d'euro

▶ 8. *a)* Le prix P_3 payé avec le tarif 3 est représenté par la droite (Δ) d'équation $y = 23$.

b) Nous lisons sur le graphique que, lorsque $x \geqslant 12$, la droite (Δ) est située au-dessous des droites $(\mathcal{D}_1)$ et $(\mathcal{D}_2)$. Donc, à partir de 12 cassettes louées par mois, le tarif 3 est plus avantageux que les deux autres.

31 POITIERS, RENNES SEPTEMBRE 2002 — 12 POINTS

SUJET

EXERCICE 1

Les calculs intermédiaires doivent figurer sur la copie.

▶ 1. Écrire sous la forme $a\sqrt{3}$, a étant un entier, le nombre :

$$A = \sqrt{75} + 4\sqrt{12}$$

▶ 2. Prouver que :

$$\frac{2 + \frac{3}{4}}{\frac{3}{4} - 5} = -\frac{11}{17} \qquad \frac{35 \times 10^{22} \times 2 \times \left(10^{-2}\right)^6}{42 \times 10^{10}} = \frac{5}{3}$$

EXERCICE 2

Dans cet exercice, seuls les résultats finaux sont attendus et la calculatrice peut être utilisée.

▶ 1. Donner une valeur décimale approchée à 0,001 près du nombre :

$$B = 3 + \frac{1}{7 + \frac{1}{16}}$$

▶ 2. Donner l'écriture scientifique du nombre :

$$C = \frac{10^{-4} \times 4 \times 10^{6} \times 5^{2}}{2 \times 10^{-10}}$$

SUJET

EXERCICE 3

ABCD est un rectangle :
DC = 5 cm et BC = 2,5 cm
N est le point du segment [AD] tel que : AN = 1,5 cm.
M est un point du segment [AB]. On note x la longeur du segment [AM] exprimée en centimètres (x est compris entre 0 et 5).
AMPN et MBCR sont des rectangles notés respectivement R_1 et R_2.

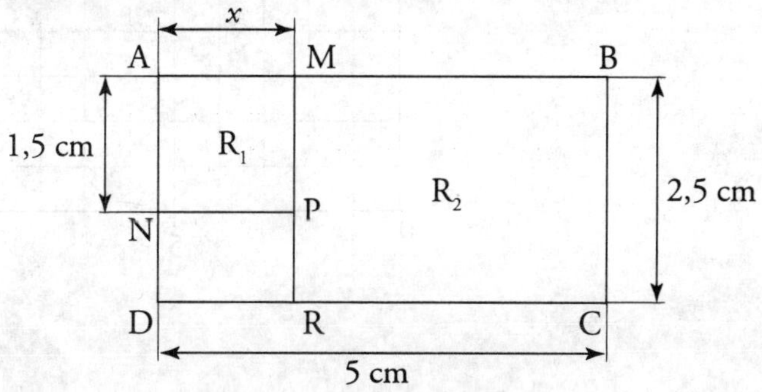

▶ 1. *a)* Exprimer, en fonction de x, le périmètre de R_1.
b) Exprimer, en fonction de x, le périmètre de R_2.

▶ 2. Résoudre l'équation : $2x + 3 = -2x + 15$.

▶ 3. Sur le repère suivant, représenter graphiquement les deux fonctions affines :
$x \mapsto 2x + 3$ et $x \mapsto -2x + 15$
pour $0 \leqslant x \leqslant 5$

▶ **4.** Quelles sont les valeurs de AM pour lesquelles le périmètre de R_2 est supérieur ou égal au périmètre de R_1 ? (Aucune justification n'est attendue.)

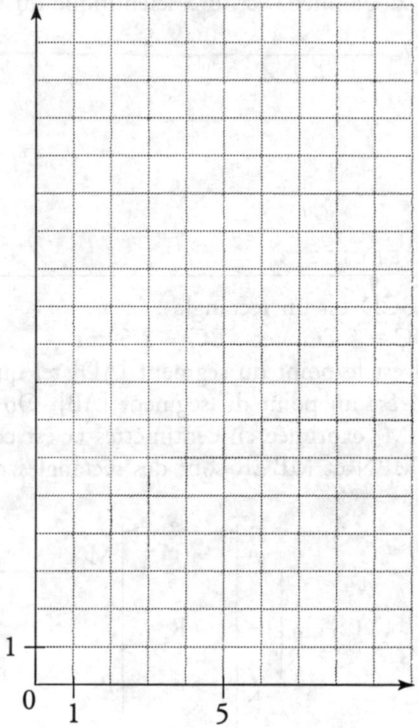

CORRIGÉ

EXERCICE 1

▶ **1.** Calculons $A = \sqrt{75} + 4\sqrt{12}$.

$A = \sqrt{5^2 \times 3} + 4\sqrt{2^2 \times 3}$

$A = 5\sqrt{3} + 8\sqrt{3}$ $\boxed{A = 13\sqrt{3}}$

▶ **2.** • Notons $D = \dfrac{2 + \dfrac{3}{4}}{\dfrac{3}{4} - 5}$.

$D = \dfrac{\dfrac{8}{4} + \dfrac{3}{4}}{\dfrac{3}{4} - \dfrac{20}{4}}$ $\quad D = \dfrac{\dfrac{11}{4}}{-\dfrac{17}{4}}$ $\quad \boxed{D = -\dfrac{11}{17}}$

• Notons $E = \dfrac{35 \times 10^{22} \times 2 \times \left(10^{-2}\right)^6}{42 \times 10^{10}}$.

$E = \dfrac{35 \times 2}{42} \times \dfrac{10^{22} \times \left(10^{-2}\right)^6}{10^{10}}$

Nous savons que :

$(a^m)^n = a^{m \times n}$ $\quad a^m \times a^n = a^{m+n}$ $\quad \dfrac{a^m}{a^n} = a^{m-n}$

$E = \dfrac{5}{3} \times \dfrac{10^{22} \times 10^{-12}}{10^{10}}$ $\quad E = \dfrac{5}{3} \times \dfrac{10^{10}}{10^{10}}$ $\quad \boxed{E = \dfrac{5}{3}}$

EXERCICE 2

▶ **1.** Utilisons la calculatrice.

Une valeur décimale approchée à 0,001 près du nombre B est **3,141.**

▶ **2.** L'écriture scientifique du nombre C est $\mathbf{5 \times 10^{13}}$.

EXERCICE 3

▶ **1.** *a)* Notons $P_1(x)$ le périmètre du rectangle R_1.

$P_1(x) = 2(AM + AN)$

$P_1(x) = 2(x + 1{,}5)$

$\boxed{P_1(x) = 2x + 3}$

b) Notons $P_2(x)$ le périmètre du rectangle R_2.

Nous remarquons que :

$MB = AB - AM = 5 - x$. Alors :

$P_2(x) = 2(MB + BC)$ $\quad P_2(x) = 2(5 - x + 2{,}5)$

$\boxed{P_2(x) = -2x + 15}$

▶ **2.** Résolvons l'équation $2x + 3 = -2x + 15$.

$2x + 2x = 15 - 3$

$4x = 12$

$x = 3$

Conclusion : 3 est la solution de l'équation proposée.

▶ **3.** Le graphe de la fonction affine définie par $x \mapsto 2x + 3$ est la droite $(\mathcal{D}_1)$ passant par les points $P_1(0\,;\,3)$ et $Q_1(5\,;\,13)$.

Le graphe de la fonction affine définie par $x \mapsto -2x + 15$ est la droite $(\mathcal{D}_2)$ passant par les points $P_2(0\,;\,15)$ et $Q_2(5\,;\,5)$.

Puisque $0 \leqslant x \leqslant 5$, les graphes sont limités aux segments $[P_1Q_1]$ et $[P_2Q_2]$.

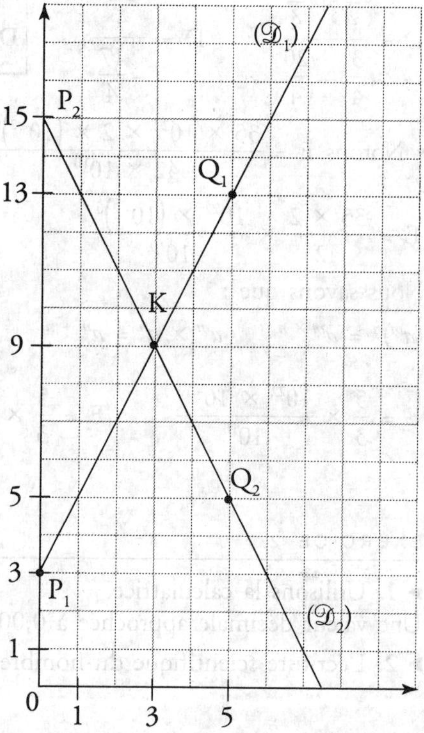

▶ **4.** Les deux droites $(\mathcal{D}_1)$ et $(\mathcal{D}_2)$ se coupent en K. Nous lisons sur le graphe les coordonnée de K. Nous avons $K(3\,;\,9)$.

Nous remarquons que lorsque x est inférieur à 3, la droite $(\mathcal{D}_2)$ est au-dessus de la droite $(\mathcal{D}_1)$.

Conclusion : Lorsque x est inférieur ou égal à 3, le périmètre de R_2 est supérieur ou égal au périmètre de R_1.

SUJET

Dans toute cette partie, les résultats des calculs demandés doivent être accompagnés d'explication.
Le barème en tiendra compte

EXERCICE 1

On donne $A = (2x - 3)(x - 4) - (2x - 3)^2$.

▶ **1.** Développer et réduire A.

▶ **2.** Calculer A lorsque $x = \frac{3}{2}$, puis lorsque $x = 3\sqrt{2}$

▶ **3.** Factoriser A.

▶ **4.** Résoudre l'équation : $(2x - 3)(-x - 1) = 0$.

EXERCICE 2

Au cours de la diffusion d'un film dans une salle de cinéma de 288 places, dont toutes les places sont occupées, on a noté, dans un tableau, la répartition par tranches d'âges de tous les spectateurs.

▶ **1.** Compléter le tableau ci-dessous en prenant soin de détailler le calcul de la fréquence en pourcentage de la classe d'âge [15 ; 25[.

Classe d'âge	Effectif	Fréquence en pourcentage
[15 ; 25[	90	
[25 ; 35[	54	
[35 ; 45[	72	
[45 ; 55[		
[55 ; 65[		12,50
Total	288	100

▶ **2.** Calculer la moyenne de cette série statistique, en remplaçant chaque classe par sa valeur centrale (par exemple, la classe [15 ; 25[sera remplacée par la valeur 20, la classe [25 ; 35[sera remplacée par la valeur 30, etc.).

EXERCICE 3

Soit f la fonction affine telle que : $f(x) = \frac{2}{3}x + 1$.

▶ **1.** Quelle est l'image de 3 par la fonction f? Quelle est l'image de – 3?

▶ **2.** Sur une feuille de papier millimétré, tracer la droite qui représente la fonction f. (Sur les deux axes du repère orthonormal, l'unité de longueur choisie est 1 cm.)

▶ **3.** Déterminer graphiquement le nombre x tel que $f(x) = 5$ et retrouver le résultat par le calcul.

CORRIGÉ

EXERCICE 1

Nous avons $A = (2x - 3)(x - 4) - (2x - 3)^2$.

▶ **1.** Développons puis réduisons A.

Pour ce faire, utilisons l'identité remarquable $(a - b)^2 = a^2 - 2ab + b^2$.

$A = (2x^2 - 3x - 8x + 12) - (4x^2 - 12x + 9)$

$A = 2x^2 - 11x + 12 - 4x^2 + 12x - 9$

$\boxed{A = -2x^2 + x + 3}$

▶ **2.** Calculons A.

• Lorsque $x = \frac{3}{2}$:

$A = -2\left(\frac{3}{2}\right)^2 + \frac{3}{2} + 3$ $\quad A = -\frac{9}{2} + \frac{3}{2} + 3$ $\quad \boxed{A = 0}$

• Lorsque $x = 3\sqrt{2}$:

$A = -2(3\sqrt{2})^2 + 3\sqrt{2} + 3$ $\quad \boxed{A = -33 + 3\sqrt{2}}$

▶ **3.** Factorisons A.

Pour ce faire, mettons $(2x - 3)$ en facteur.

$A = (2x - 3)[(x - 4) - (2x - 3)]$

$A = (2x - 3)(x - 4 - 2x + 3)$

$\boxed{A = (2x - 3)(-x - 1)}$

▶ **4.** Résolvons l'équation $(2x - 3)(-x - 1) = 0$.
Puisque le produit de facteurs est nul, alors l'un au moins des facteurs est nul.

$2x - 3 = 0$ soit $x = \frac{3}{2}$

ou $-x - 1 = 0$ soit $x = -1$

Conclusion : $\frac{3}{2}$ et -1 sont les solutions de l'équation.

EXERCICE 2

▶ **1.** Tableau complété.

Classe d'âge	Effectif	Fréquence en pourcentage
[15 ; 25[	90	31,25
[25 ; 35[	54	18,75
[35 ; 45[	72	25
[45 ; 55[	36	12,5
[55 ; 65[	36	12,5
Total	288	100

Détail du calcul de la fréquence en pourcentage de la classe d'âge [15 ; 25[.

Notons f cette fréquence : $f = \frac{90}{288} \times 100 = 31{,}25$.

▶ **2.** Les valeurs centrales de chaque classe sont :
20 30 40 50 60
Notons m la moyenne cherchée.

$$m = \frac{90 \times 20 + 54 \times 30 + 72 \times 40 + 36 \times 50 + 36 \times 60}{288}$$

$$m = \frac{10\,260}{288} \qquad \boxed{m = 35{,}625}$$

EXERCICE 3

Nous avons $f(x) = \frac{2}{3}x + 1$.

▶ **1.** Calculons :

$f(3) = \frac{2}{3} \times 3 + 1$ soit $f(3) = 3$

$f(-3) = \frac{2}{3} \times (-3) + 1$ soit $f(-3) = -1$

▶ **2.** La représentation graphique de la fonction f est la droite ($\mathscr{D}$) passant par les points A(3 ; 3) et B(– 3 ; – 1).

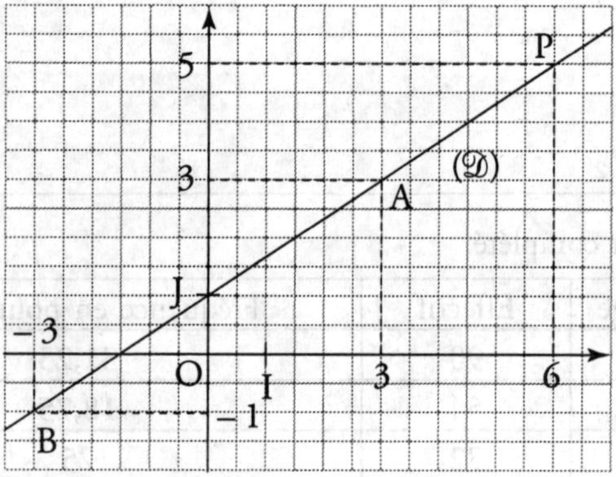

▶ **3.** Sur le graphe, nous remarquons que le point P de la droite ($\mathscr{D}$) et d'ordonnée 5 a pour abscisse 6.
Donc pour avoir $f(x) = 5$, il faut $x = 6$.
Retrouvons ce résultat par le calcul.
Résolvons l'équation $\frac{2}{3}x + 1 = 5$. Il vient :

$\frac{2}{3}x = 5 - 1$ $\frac{2}{3}x = \frac{12}{3}$

$2x = 12$ $\boxed{x = 6}$

2

Travaux géométriques

33 NANCY-METZ, BESANÇON, DIJON, LYON, REIMS, GRENOBLE, STRASBOURG • JUIN 2003 — **12 POINTS**

SUJET

Les figures des deux premiers exercices ne sont pas réalisées en vraie grandeur. Elles ne sont pas à reproduire.

EXERCICE 1

L'unité est le centimètre.

Dans la figure ci-dessous, les droites (AB) et (CD) sont parallèles.
Les droites (AD) et (BC) se coupent en E.
On donne : DE = 6 AE = 10 AB = 20 et BE = 16

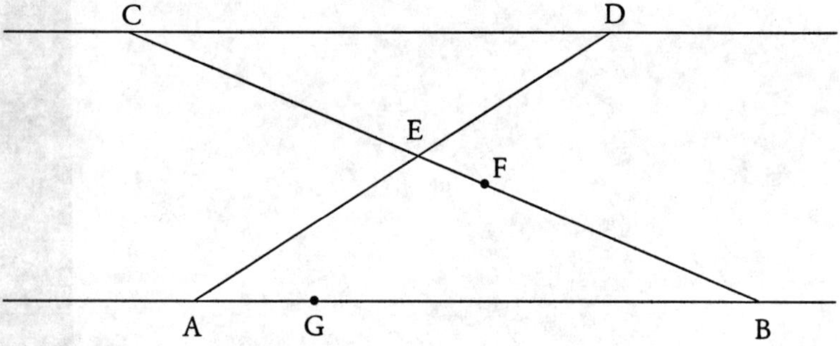

▶ **1.** Calculer la distance CD.

▶ **2.** Les points F et G appartiennent respectivement aux segments [BC] et [AB].
Ils vérifient : BF = 12,8 et BG = 16.
Montrer que les droites (FG) et (AE) sont parallèles.

EXERCICE 2

On considère le cône ci-contre de sommet S et dont la base est le disque de rayon [OA].
Ce cône a pour hauteur SO = 8 cm et pour génératrice SA = 10 cm.
I est un point du segment [SO] tel que SI = 2 cm.

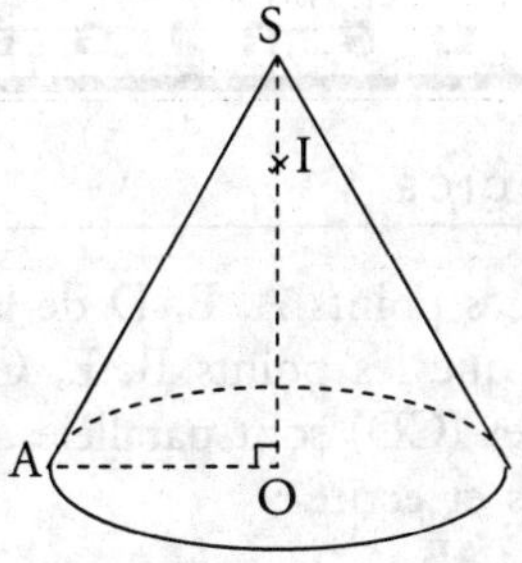

▶ **1.** Montrer que OA = 6 cm.

▶ **2.** Montrer que la valeur exacte du volume V du cône est égale à 96π cm^3. Donner la valeur arrondie au mm^3 près.

▶ **3.** Déterminer, au degré près, la mesure de l'angle $\widehat{ASO}$.

▶ **4.** On coupe ce cône par un plan parallèle à sa base et passant par le point I. La section obtenue est un disque de centre I, réduction du disque de base.

a) Déterminer le rapport *k* de cette réduction.

b) Soit V' le volume du cône de sommet S et de base le disque de centre I. Exprimer V' en fonction de V, puis donner la valeur arrondie de V' au mm^3 près.

EXERCICE 3

Sur la figure ci-après :

▶ **1.** Construire le point M tel que $\overrightarrow{AM} = \overrightarrow{AB} + \overrightarrow{AC}$.

▶ **2.** Construire le point Q, symétrique de H par rapport à la droite (BE).

▶ **3.** Construire le point P, image du point C par la rotation de centre E et d'angle 60° dans le sens des aiguilles d'une montre.

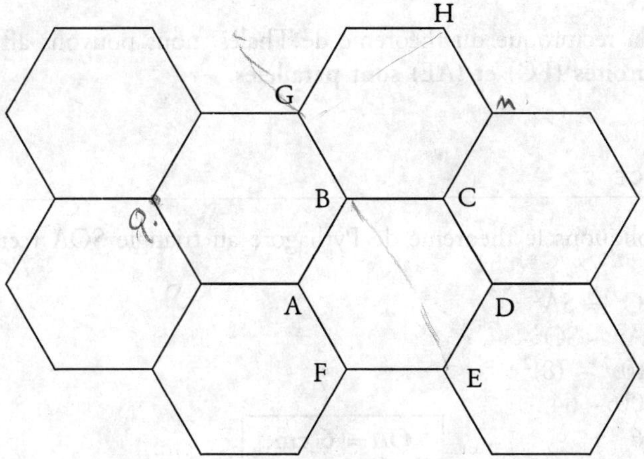

CORRIGÉ

EXERCICE 1

▶ **1.** Les points A, E, D de la droite (AD) sont alignés dans le même ordre que les points B, E, C de la droite (BC). De plus, les droites (AB) et (CD) sont parallèles. Nous pouvons appliquer le thèorème de Thalès et écrire :

$$\frac{AE}{DE} = \frac{AB}{CD}$$

$$\frac{10}{6} = \frac{20}{CD} \qquad 10 \times CD = 6 \times 20 \qquad 10 \times CD = 120$$

CD = 12 cm

▶ **2.** Calculons :

$$\frac{BF}{BE} = \frac{12{,}8}{16} = 0{,}8$$

$$\frac{BG}{BA} = \frac{16}{20} = 0{,}8$$

Nous constatons que $\frac{BF}{BE} = \frac{BG}{BA}$.

Les points B, F, E de la droite (BE) sont alignés dans le même ordre que les points B, G, A de la droite (BA). De plus, nous savons que $\frac{BF}{BE} = \frac{BG}{BA}$.

D'après la réciproque du théorème de Thalès, nous pouvons affirmer que **les droites (FG) et (AE) sont parallèles.**

EXERCICE 2

▶ **1.** Appliquons le théorème de Pythagore au triangle SOA rectangle en O.

$OA^2 + SO^2 = SA^2$

$OA^2 = SA^2 - SO^2$

$OA^2 = (10)^2 - (8)^2$

$OA^2 = 100 - 64$

$OA^2 = 36$

OA = 6 cm

▶ **2.** Nous savons que le volume V d'un cône est donné par la formule :

$V = \frac{1}{3} \times$ aire de la base $\times$ hauteur

$V = \frac{1}{3} \times (\pi \times OA^2) \times SO$

$V = \frac{1}{3} \times (\pi \times 6^2) \times 8$

$V = 96\pi$ cm^3

$V = 301{,}593$ cm^3 est une valeur arrondie à 1 mm^3 près par excès.

▶ **3.** Dans le triangle AOS rectangle en O, $\tan \widehat{ASO} = \frac{AO}{SO} = \frac{6}{8}$.

Donc $\tan \widehat{ASO} = 0{,}75$ et nous en déduisons que :

$\widehat{ASO} = 37°$ valeur arrondie à 1° près par excès

▶ **4.** *a)* Notons k le rapport de la réduction.

$k = \frac{SI}{SO} = \frac{2}{8}$

$k = \frac{1}{4}$

b) Nous savons que :

$V' = k^3 \times V$

$V' = \left(\frac{1}{4}\right)^3 \times V$

$V' = \frac{1}{64} \times V$

$V' = 4{,}712$ cm^3 est une valeur arrondie à 1 mm^3 près par défaut.

EXERCICE 3

▶ **1.** Le point M est tel que le quadrilatère ACMB est un parallélogramme.

▶ **2.** Le point Q est tel que :
• GQ = GH
• les droites (BE) et (HQ) sont perpendiculaires.

▶ **3.** Le point P est tel que :
• EC = EP
• $\widehat{CEP} = 60°$
• le sens de la rotation est celui de la marche des aiguilles d'une montre.

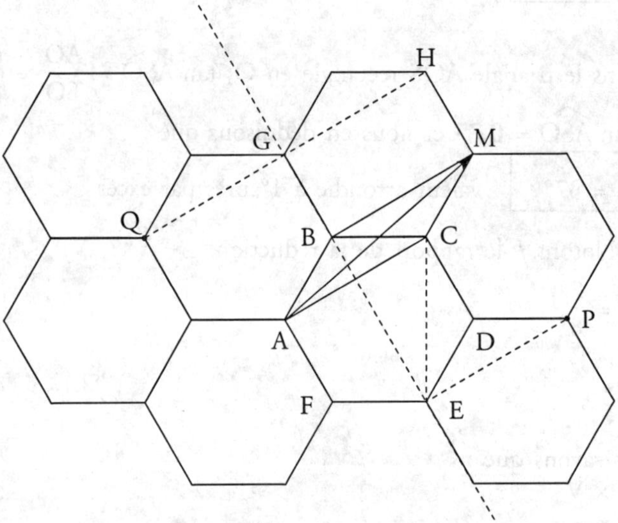

34 NANTES, BORDEAUX, CAEN, CLERMONT-FERRAND, LIMOGES, ORLÉANS-TOURS, POITIERS, RENNES • JUIN 2003 — **12 POINTS**

SUJET

EXERCICE 1

Sur un quadrillage constitué de carrés, on a placé une droite (*d*), trois points (nommés A, B et M), une figure qui est en forme de fanion et est numérotée 1.

▶ 1. *a)* Construire l'image de la figure 1 par la symétrie d'axe (*d*) ; numéroter 2 la figure obtenue.

b) Construire l'image de la figure 1 par la rotaion de centre M et d'angle 90° dans le sens des aiguilles d'une montre ; numéroter 3 la figure obtenue.

c) Construire l'image de la figure 1 par la symétrie de centre A ; numéroter 4 la figure obtenue.

d) Construire l'image de la figure 4 par la symétrie de centre B ; numéroter 5 la figure obtenue.

▶ 2. Par quelle transformation géométrique peut-on passer directement de la figure 1 à la figure 5 ?
Préciser l'élément caractéristique de cette transformation.

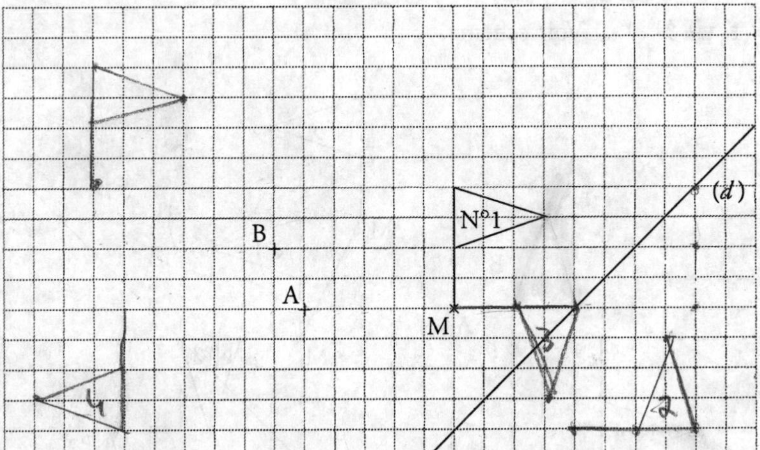

SUJET

EXERCICE 2

▶ **1.** Soit un repère orthonormé (O, I, J).
Placer les points :
A(– 2 ; 1) B(– 1 ; 3) et C(5 ; 0)

▶ **2.** Démontrer que la valeur exacte de AB est $\sqrt{5}$.

▶ **3.** On admet dans la suite de l'exercice que :
$AC = 5\sqrt{2}$ et $BC = 3\sqrt{5}$
Démontrer que le triangle ABC est rectangle en B.

▶ **4.** On appelle K le milieu de [AC]. Calculer les coordonnées de K.

▶ **5.** On appelle D le point tel que le quadrilatère ABCD est un rectangle. Placer D dans le repère, puis calculer ses coordonnées.

CORRIGÉ

EXERCICE 1

▶ **1.** *a) b) c) d)* Voir schéma.

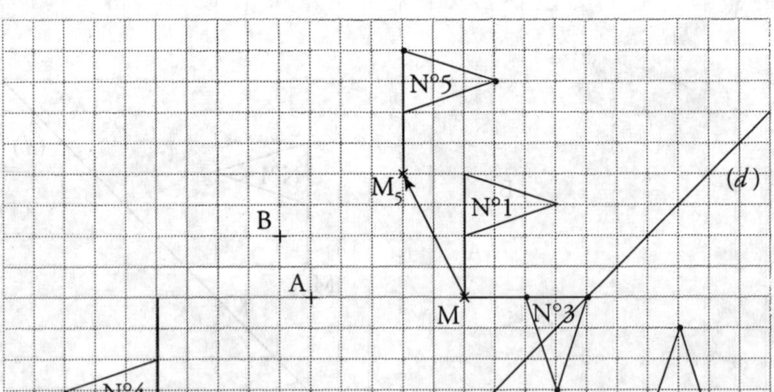

▶ **2.** La figure n° 5 est l'image de la figure n° 1 par la translation de vecteur $2\overrightarrow{AB}$.

EXERCICE 2

▶ **1.** Voir schéma.

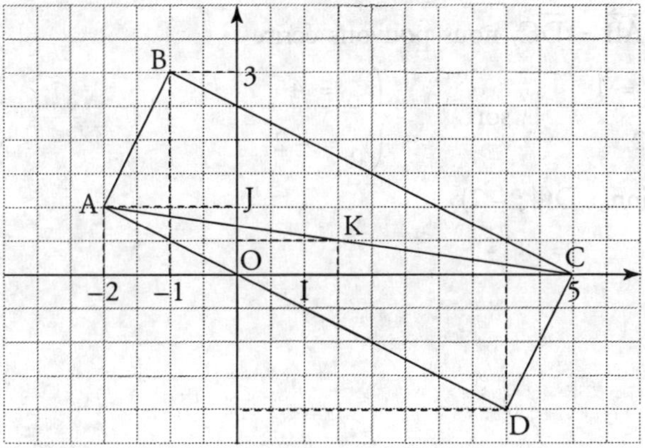

▶ **2.** Nous savons que $AB = \sqrt{(x_B - x_A)^2 + (y_B - y_A)^2}$.

$AB = \sqrt{(-1 + 2)^2 + (3 - 1)^2}$

$\boxed{AB = \sqrt{5}}$

▶ **3.** Calculons :
$AB^2 = (\sqrt{5})^2 = 5$
$BC^2 = (3\sqrt{5})^2 = 45$
$AC^2 = (5\sqrt{2})^2 = 50$
Il est évident que $50 = 45 + 5$, donc $AC^2 = BC^2 + AB^2$.
D'après la réciproque du théorème de Pythagore, nous pouvons affirmer que **le triangle ABC est rectangle en B.**

▶ **4.** Puisque le point K est le milieu du segment [AC], alors :

$$x_K = \frac{x_A + x_C}{2} \quad \text{et} \quad y_K = \frac{y_A + y_C}{2}$$

$$x_K = \frac{-2 + 5}{2} = \frac{3}{2} \quad \text{et} \quad y_K = \frac{1 + 0}{2} = \frac{1}{2}$$

Conclusion : $K\left(\frac{3}{2} ; \frac{1}{2}\right)$

▶ 5. Le quadrilatère ABCD est un rectangle, alors $\overrightarrow{AB} = \overrightarrow{DC}$.

Or $\overrightarrow{AB}\begin{pmatrix} x_B - x_A \\ y_B - y_A \end{pmatrix}$ donc $\overrightarrow{AB}\begin{pmatrix} -1 + 2 \\ 3 - 1 \end{pmatrix}$ ou encore $\overrightarrow{AB}\begin{pmatrix} 1 \\ 2 \end{pmatrix}$

Nous avons aussi :

$\overrightarrow{DC}\begin{pmatrix} 5 - x_D \\ 0 - y_D \end{pmatrix}$

Puisque $\overrightarrow{AB} = \overrightarrow{DC}$, nous pouvons écrire :

$\begin{cases} 5 - x_D = 1 \\ -y_D = 2 \end{cases}$ soit $\begin{cases} x_D = 4 \\ y_D = -2 \end{cases}$

Conclusion : D(4 ; –2)

35 NANTES, BORDEAUX, CAEN, CLERMONT-FERRAND, LIMOGES, ORLÉANS-TOURS, POITIERS, RENNES • JUIN 2003 — **12 POINTS**

SUJET

PROBLÈME

On donne :

- un cercle (C) de centre O et de rayon 6 cm ;
- un diamètre [AB] de ce cercle(C) ;
- le point N du segment [OB] tel que : BN = 4 cm ;
- le point M situé à 3,2 cm de B et tel que le triangle BMN est rectangle en M.

Cette figure n'est pas en vraie grandeur.

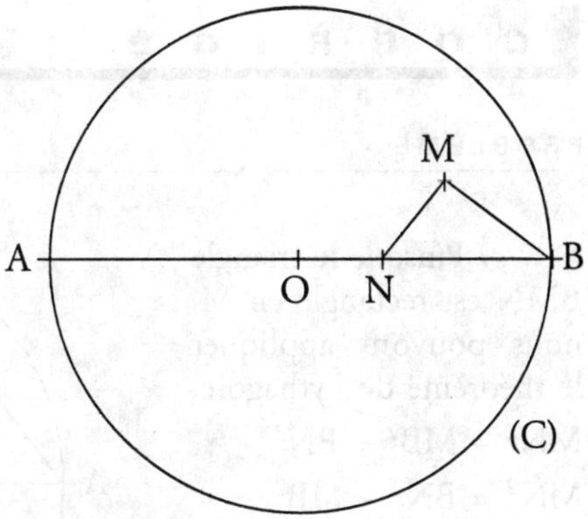

▶ 1. *a)* Calculer la longueur du segment [MN].

b) Calculer la mesure de l'angle $\widehat{MBN}$ (arrondir à un degré près).

La droite (BM) recoupe le cercle (C) en P.

▶ 2. *a)* Démonter que le triangle BPA est rectangle en P.

b) En déduire que les droites (PA) et (MN) sont parallèles.

▶ 3. On sait maintenant que le triangle BPA est un agrandissement du triangle BMN.

a) Calculer le coefficient d'agrandissement.

b) Calculer BP.

c) Calculer l'aire du triangle BMN et en déduire l'aire du triangle BPA.

▶ 4. Soit E le milieu de [BN]. Démontrer que les droites (PO) et (ME) sont parallèles.

▶ 5. La droite (PO) recoupe le cercle (C) en K et la droite (PN) coupe la droite (BK) en I.

On sait que lorsqu'un point appartient à une médiane d'un triangle et est situé aux deux tiers de cette médiane en partant du sommet, alors ce point est le centre de gravité du triangle.

Écrire le rapport $\frac{BN}{BO}$ sous forme d'une fraction irréductible, puis démontrer que I est le milieu du segment [BK].

CORRIGÉ

PROBLÈME

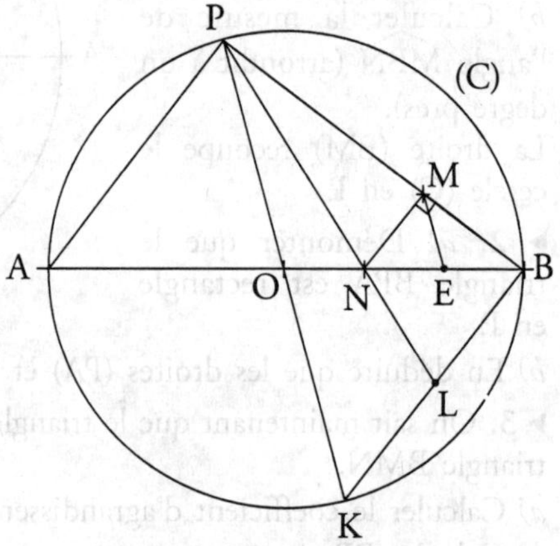

▶ **1.** *a)* Puisque le triangle BMN est rectangle en M, nous pouvons appliquer le théorème de Pythagore.

$MN^2 + MB^2 = BN^2$

$MN^2 = BN^2 - MB^2$

$MN^2 = (4)^2 - (3,2)^2$

$MN^2 = 5,76$

MN = 2,4 cm

b) Dans ce même triangle rectangle BMN, $\cos \widehat{MBN} = \dfrac{MB}{BN}$.

$\cos \widehat{MBN} = \dfrac{3,2}{4} = 0,8$

$\widehat{MBN} = 37°$ valeur arrondie à un degré près

▶ **2.** *a)* Le triangle BPA est inscrit dans un demi-cercle de diamètre [BA], il est donc rectangle en P.

b) Les triangles BMN et BPA sont respectivement rectangles en M et en P.
Alors les droites (NM) et (AP) sont toutes deux perpendiculaires à la droite (BP). En conséquence, les droites (NM) et (AP) sont parallèles.

▶ **3.** *a)* Notons k le coefficient d'agrandissement.

$k = \dfrac{BA}{BN} = \dfrac{12}{4}$ $\qquad$ $\boldsymbol{k = 3}$

b) Nous pouvons écrire que :
BP = 3 × BM
BP = 3 × 3,2

BP = 9,6 cm

c) Notons $\mathscr{A}$ l'aire du triangle BMN.

$$\mathscr{A} = \frac{BM \times MN}{2}$$

$$\mathscr{A} = \frac{3,2 \times 2,4}{2} \qquad \boxed{\mathscr{A} = 3,84\ \text{cm}^2}$$

Notons $\mathscr{A}'$ l'aire du triangle BPA.

$$\mathscr{A}' = k^2 \times \mathscr{A}$$

$$\mathscr{A}' = 3^2 \times 3,84 \qquad \boxed{\mathscr{A}' = 34,56\ \text{cm}^2}$$

▶ 4. Nous savons que $BE = \dfrac{BN}{2} = 2$.

Calculons :

$$\frac{BE}{BO} = \frac{2}{6} = \frac{1}{3}$$

$$\frac{BM}{BP} = \frac{3,2}{9,6} = \frac{1}{3}$$

Nous en concluons que $\dfrac{BE}{BO} = \dfrac{BM}{BP}$.

Les points B, E, O sont alignés dans le même ordre que les points B, M, P.

De plus $\dfrac{BE}{BO} = \dfrac{BM}{BP}$. D'après la réciproque du théorème de Thalès, les droites (PO) et (ME) sont parallèles.

▶ 5. Calculons : $\dfrac{BN}{BO} = \dfrac{4}{6} = \dfrac{2}{3}$.

Le point O est le milieu du segment [PK]. La droite (BO) est donc la médiane issue de B du triangle PBK. Le point N est le centre de gravité de ce triangle (d'après le rappel effectué dans l'énoncé de cette question).
La droite (PL), qui passe par N, est la médiane issue de P de ce triangle PBK.
Conclusion : Le point L est le milieu du segment [BK].

SUJET

EXERCICE 1

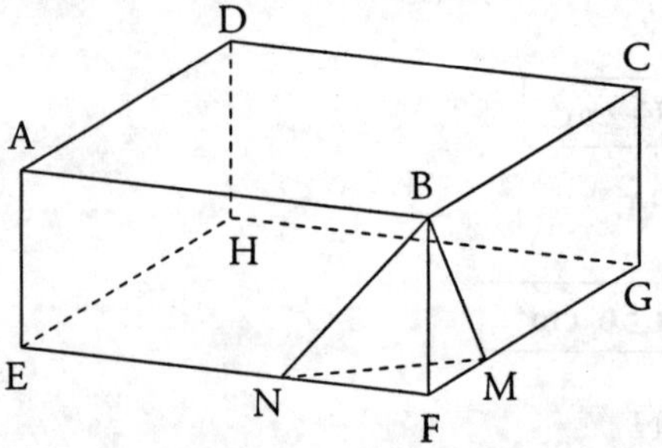

ABCDEFGH est un parallélépipède rectangle.

On donne :

FE = 12 cm

FG = 9 cm

FB = 3 cm

FN = 4 cm

FM = 3 cm

▶ **1.** Calculer la longueur MN.

▶ **2.** Montrer que l'aire du triangle FNM est égale à 6 cm^2.

▶ **3.** Calculer le volume de la pyramide (P) de sommet B et de base le triangle FNM

▶ **4.** On considère le solide ABCDENMGH obtenu en enlevant la pyramide (P) au parallélépipède rectangle.

a) Quel est le nombre de faces de ce solide ?

b) Calculer son volume.

EXERCICE 2

On précisera pour chacune des deux questions de cet exercice la propriété de cours utilisée.

La figure ci-contre n'est pas représentée en vraie grandeur.

Les droites (BC) et (MN) sont parallèles.

On donne :

AB = 2,4 cm

AC = 5,2 cm

AN = 7,8 cm

MN = 4,5 cm

▶ **1.** Calculer les longueurs AM et BC.

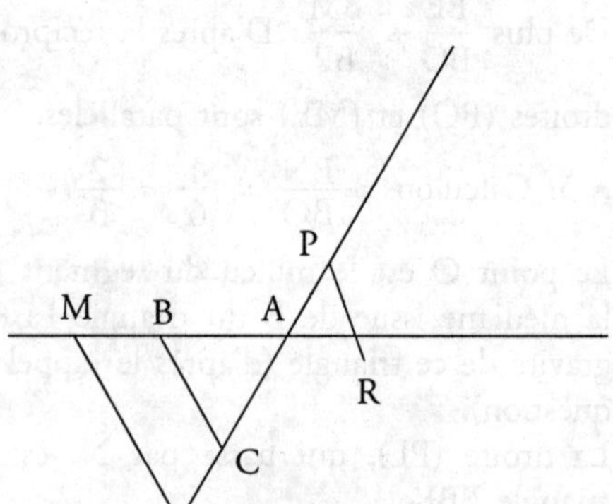

▶ **2.** Sachant que AP = 2,6 cm et AR = 1,2 cm, montrer que les droites (PR) et (BC) sont parallèles.

CORRIGÉ

EXERCICE 1

▶ **1.** Appliquons le théorème de Pythagore au triangle MFN rectangle en F.

$MN^2 = FN^2 + FM^2$

$MN^2 = 4^2 + 3^2$

$MN^2 = 25$ **MN = 5 cm**

▶ **2.** Notons $\mathscr{A}$ l'aire du triangle FNM.

$\mathscr{A} = \dfrac{FN \times FM}{2}$

$\mathscr{A} = \dfrac{4 \times 3}{2}$ **$\mathscr{A} = 6$ cm²**

▶ **3.** Notons $\mathscr{V}$ le volume de la pyramide (P).

$\mathscr{V} = \dfrac{1}{3} \times$ aire de la base $\times$ hauteur

$\mathscr{V} = \dfrac{1}{3} \times \mathscr{A} \times FB$

$\mathscr{V} = \dfrac{1}{3} \times 6 \times 3$ **$\mathscr{V} = 6$ cm³**

▶ **4.** *a)* Le solide ABCDENMGH possède 7 faces.

b) Notons $\mathscr{V}'$ le volume du solide ABCDENMGH et $\mathscr{V}''$ celui du parallélépipède rectangle ABCDEFGH.

Nous avons :

$\mathscr{V}'' = FE \times FG \times FB$

$\mathscr{V}'' = 12 \times 9 \times 3$ **$\mathscr{V}'' = 324$ cm³**

Nous pouvons remarquer que $\mathscr{V}'' = \mathscr{V} + \mathscr{V}'$, soit encore :

$\mathscr{V}' = \mathscr{V}'' - \mathscr{V}$

$\mathscr{V}' = 324 - 6$ **$\mathscr{V}' = 318$ cm³**

EXERCICE 2

▶ 1. Les points A, B, M de la droite (AM) sont alignés dans le même ordre que les points A, C, N de la droite (AN). De plus, les droites (BC) et (MN) sont parallèles. Nous pouvons appliquer le théorème de Thalès et écrire : $\frac{AM}{AB} = \frac{AN}{AC} = \frac{MN}{BC}$.

• De l'égalité $\frac{AM}{AB} = \frac{AN}{AC}$, nous sortons :

$\frac{AM}{2,4} = \frac{7,8}{5,2}$

$5,2 \times AM = 7,8 \times 2,4$

$AM = \frac{7,8 \times 2,4}{5,2}$

AM = 3,6 cm

• De l'égalité $\frac{AN}{AC} = \frac{MN}{BC}$, nous sortons :

$\frac{7,8}{5,2} = \frac{4,5}{BC}$

$7,8 \times BC = 4,5 \times 5,2$

$BC = \frac{4,5 \times 5,2}{7,8}$

BC = 3 cm

▶ 2. Calculons :

$\frac{AB}{AR} = \frac{2,4}{1,2} = 2$

$\frac{AC}{AP} = \frac{5,2}{2,6} = 2$

Nous en concluons que $\frac{AB}{AR} = \frac{AC}{AP}$.

Les points B, A, R de la droite (BR) sont alignés dans le même ordre que les points C, A, P de la droite (CP). De plus, nous savons que $\frac{AB}{AR} = \frac{AC}{AP}$.

D'après la réciproque du théorème de Thalès, nous pouvons affirmer que **les droites (PR) et (BC) sont parallèles.**

SUJET

EXERCICE 1

Le plan est muni d'un repère orthonormal (O, I, J). L'unité de longueur est le centimètre.

▶ **1.** Placer les points : A(– 3 ; 1), B(0 ; – 2) et C(2 ; 3) dans ce repère.

▶ **2.** *a)* Calculer les distances AC et BC.
b) Qu'en déduire pour le triangle ABC ? Justifier.

▶ **3.** Construire l'image A'B'C' du triangle ABC par la translation de vecteur $\overrightarrow{AB}$.

EXERCICE 2

Un tajine est un plat composé d'une assiette circulaire et d'un couvercle en forme de cône qui s'emboîte parfaitement dans l'assiette.
L'assiette de ce tajine a un rayon [OA] qui mesure 15 cm et la génératrice du cône [SA] mesure 25 cm.

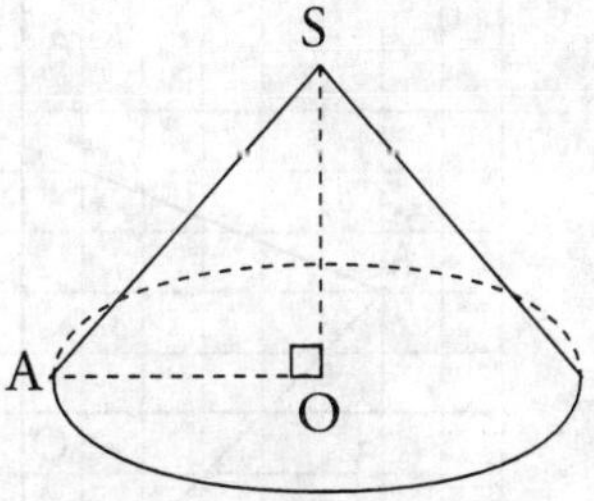

Tajine

▶ **1.** Calculer la hauteur OS du cône.

▶ **2.** Montrer que la valeur exacte du volume V du cône est égale à $1\,500\pi$ cm^3.

▶ **3.** Un modèle réduit de ce tajine a une assiette de rayon 6 cm.
a) Déterminer le coefficient de réduction qui transforme le grand tajine en modèle réduit.
b) En déduire la valeur arrondie au cm^3 près du volume V' du tajine en modèle réduit.

SUJET

EXERCICE 3

L'unité de longueur est le centimètre.

RST est un triangle tel que :
RS = 6,4 ST = 8 et RT = 4,8

▶ **1.** Construire la figure en vraie grandeur.

▶ **2.** Démontrer que le triangle RST est rectangle en R.

▶ **3.** Calculer la valeur arrondie au degré près de la mesure de l'angle $\widehat{RST}$.

▶ **4.** M est le point du segment [SR] tel que SM = 4 et N est le point du segment [ST] tel que SN = 5.

a) Démontrer que les droites (MN) et (RT) sont parallèles.

b) Calculer la distance MN.

CORRIGÉ

EXERCICE 1

▶ **1.** Voir schéma.

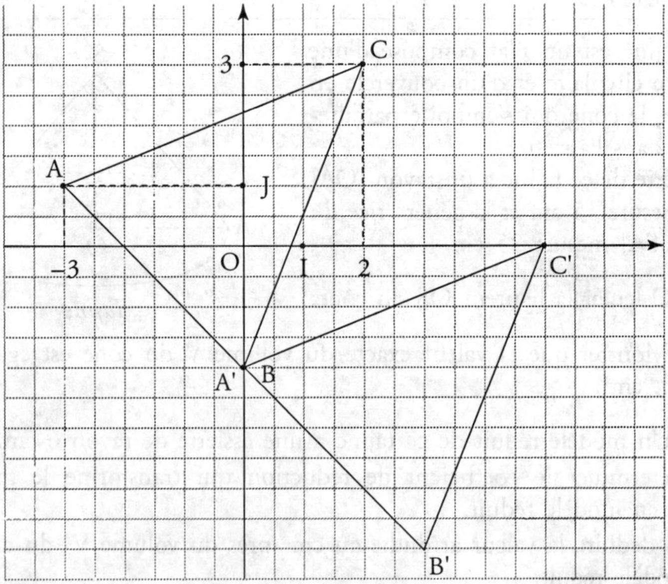

▶ **2.** *a)* Nous savons que $AC = \sqrt{(x_C - x_A)^2 + (y_C - y_A)^2}$.

$AC = \sqrt{(2 + 3)^2 + (3 - 1)^2}$

$AC = \sqrt{29}$

De même : $BC = \sqrt{(2 - 0)^2 + (3 + 2)^2}$

$BC = \sqrt{29}$

b) Nous remarquons que AC = BC.
Le triangle ABC est isocèle en C.

▶ **3.** Voir schéma.

EXERCICE 2

▶ **1.** Appliquons le théorème de Pythagore au triangle AOS rectangle en O.
$OS^2 + OA^2 = SA^2$
$OS^2 = SA^2 - OA^2$
$OS^2 = 25^2 - 15^2$
$OS^2 = 400$

OS = 20 cm

▶ **2.** Nous savons que le volume $\mathcal{V}$ d'un cône est donné par la formule :

$\mathcal{V} = \frac{1}{3} \times$ aire de la base $\times$ hauteur

$\mathcal{V} = \frac{1}{3} \times (\pi \times OA^2) \times OS$

$\mathcal{V} = \frac{1}{3} \times (\pi \times 15^2) \times 20$

$\mathcal{V} = 1\,500\pi \text{ cm}^3$

▶ **3.** *a)* Notons *k* le coefficient de réduction.

$k = \frac{6}{15} = 0{,}4$

b) Nous savons que :
$\mathcal{V}' = k^3 \times \mathcal{V}$
$\mathcal{V}' = (0,4)^3 \times 1\,500\pi$
$\mathcal{V}' = 96\pi$

$\mathcal{V}' = 302$ cm³ valeur arrondie au cm³ près

EXERCICE 3

▶ **1.** Construction de la figure.
Traçons un segment [ST] tel que ST = 8 cm.
Traçons un arc de cercle de centre S et de rayon 6,4 cm.
Traçons un arc de cercle de centre T et de rayon 4,8 cm.
Le point R est l'une des intersections de ces deux arcs de cercle.

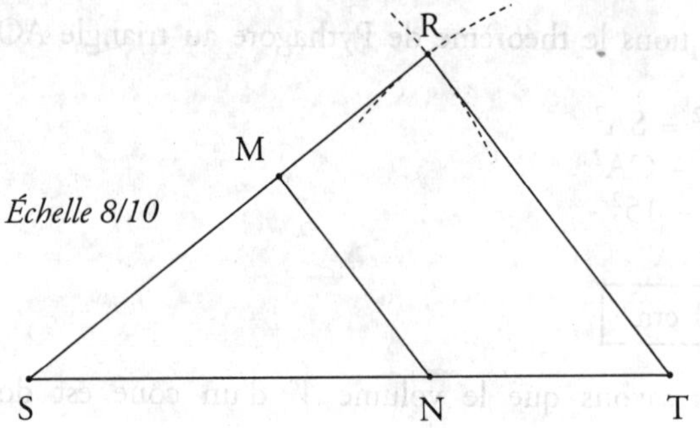

▶ **2.** Calculons :
$RS^2 = (6,4)^2 = 40,96$
$RT^2 = (4,8)^2 = 23,04$
$ST^2 = (8)^2 = 64$
Nous remarquons que $40,96 + 23,04 = 64$, donc $RS^2 + RT^2 = ST^2$.
D'après la réciproque du théorème de Pythagore, **le triangle RST est rectangle en R.**

▶ **3.** Dans ce triangle RST rectangle en R, $\tan \widehat{RST} = \dfrac{RT}{RS} = \dfrac{4,8}{6,4}$.

$\tan \widehat{RST} = 0,75$

$\widehat{RST} = 37°$ valeur arrondie à un degré par excès

▶ 4. *a)* Calculons :

$$\frac{SM}{SR} = \frac{4}{6,4} = 0,625$$

$$\frac{SN}{ST} = \frac{5}{8} = 0,625$$

Nous venons de démontrer que $\frac{SM}{SR} = \frac{SN}{ST}$.

Les points S, M, R de la droite (SR) sont alignés dans le même ordre que les points S, N, T de la droite (ST). De plus $\frac{SM}{SR} = \frac{SN}{ST}$.

D'après la réciproque du théorème de Thalès, **les droites (MN) et (RT) sont parallèles.**

b) Les points S, M, R de la droite (SR) sont alignés dans le même ordre que les points S, N, T de la droite (ST). Les droites (MN) et (RT) étant parallèles, le théorème de Thalès permet d'écrire :

$$\frac{SM}{SR} = \frac{MN}{RT} \qquad \frac{4}{6,4} = \frac{MN}{4,8}$$

$$6,4 \times MN = 4 \times 4,8 \qquad MN = \frac{4 \times 4,8}{6,4}$$

MN = 3 cm

38 AFRIQUE DE L'OUEST, ASIE — JUIN 2003 — 12 POINTS

SUJET

EXERCICE 1

Le plan est muni d'un repère orthonormé (O, I, J).

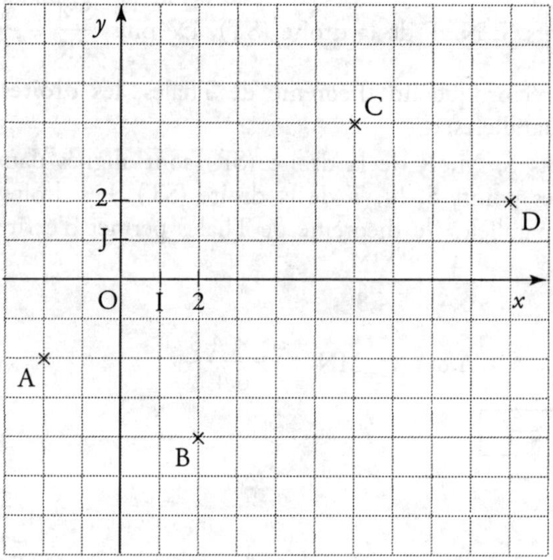

▶ **1.** Lire les coordonnées des points A, B, C et D.

▶ **2.** Calculer les coordonnées des vecteurs $\overrightarrow{AC}$ et $\overrightarrow{BD}$.

▶ **3.** Quelle est la nature du quadrilatère ABDC ? Justifier.

EXERCICE 2

▶ **1.** Construire un triangle ABC rectangle en A tel que :
AB = 6 cm   et   BC = 10 cm

▶ **2.** Calculer AC.

▶ **3.** *a)* Placer le point I, milieu du segment [BC], puis tracer la médiane (AI) du triangle ABC.

b) Montrer que IA = 5 cm.

▶ 4. *a)* Placer sur le segment [AI] le point M tel que IM = 2 cm.
b) Tracer la parallèle à (AB) passant par M et le point P en lequel elle coupe [BC].
c) Calculer IP.

▶ 5. *a)* Placer sur le segment [IC] le point N tel que IN = 2 cm, puis tracer la droite (MN).
b) Démontrer que (MN) et (AC) sont parallèles.

CORRIGÉ

EXERCICE 1

▶ 1. Sur le schéma, il est aisé de lire les coordonnées des points A, B, C et D. Nous obtenons :

A(−2 ; −2) B(2 ; −4) C(6 ; 4) D(10 ; 2)

▶ 2. Nous savons que $\overrightarrow{AC}\begin{pmatrix} x_C - x_A \\ y_C - y_A \end{pmatrix}$.

Donc $\overrightarrow{AC}\begin{pmatrix} 6 + 2 \\ 4 + 2 \end{pmatrix}$ c'est-à-dire $\overrightarrow{AC}\begin{pmatrix} 8 \\ 6 \end{pmatrix}$

De même $\overrightarrow{BD}\begin{pmatrix} 10 - 2 \\ 2 + 4 \end{pmatrix}$ c'est-à-dire $\overrightarrow{BD}\begin{pmatrix} 8 \\ 6 \end{pmatrix}$

Nous en concluons que $\overrightarrow{AC} = \overrightarrow{BD}$.

▶ 3. Puisque $\overrightarrow{AC} = \overrightarrow{BD}$, nous pouvons affirmer que **le quadrilatère ABDC est un parallélogramme.**

EXERCICE 2

▶ 1. Traçons un demi-cercle de diamètre [BC] tel que BC = 10 cm.
Traçons ensuite un arc de cercle de centre B et de rayon 6 cm.
Cet arc de cercle coupe le demi-cercle tracé précédemment en A.
Le triangle ABC est bien rectangle en A puisqu'il est inscrit dans un demi-cercle de diamètre [BC].

Échelle 8/10

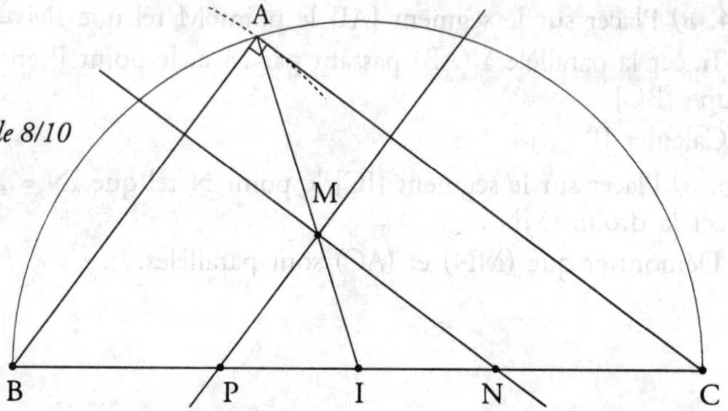

▶ **2.** Appliquons le théorème de Pythagore au triangle ABC rectangle en A.

$AC^2 + AB^2 = BC^2$

$AC^2 = BC^2 - AB^2$

$AC^2 = 10^2 - 6^2$

$AC^2 = 64$ **AC = 8 cm**

▶ **3.** *a)* Voir figure.

b) Dans un triangle rectangle, la médiane relative à l'hypoténuse est égale à la moitié de l'hypoténuse. Donc :

$IA = \dfrac{BC}{2} = \dfrac{10}{2}$ **IA = 5 cm**

▶ **4.** *a)* et *b)* Voir figure.

c) Les points I, P, B de la droite (IB) sont alignés dans le même ordre que les points I, M, A de la droite (IA). De plus, les droites (MP) et (AB) sont parallèles. Nous pouvons appliquer le théorème de Thalès et écrire :

$\dfrac{IP}{IB} = \dfrac{IM}{IA}$ $\dfrac{IP}{5} = \dfrac{2}{5}$ **IP = 2 cm**

▶ **5.** *a)* Voir figure.

b) Calculons :

$\dfrac{IM}{IA} = \dfrac{2}{5}$ et $\dfrac{IN}{IC} = \dfrac{2}{5}$

Nous en concluons que $\dfrac{IM}{IA} = \dfrac{IN}{IC}$.

Les points I, M, A de la droite (IA) sont alignés dans le même ordre que les points I, N, C, de la droite (IC). De plus $\frac{IM}{IA} = \frac{IN}{IC}$.

D'après la réciproque du théorème de Thalès, nous pouvons affirmer que **les droites (MN) et (AC) sont parallèles.**

39 AMÉRIQUE DU NORD — JUIN 2003 — 12 POINTS

SUJET

EXERCICE 1

Utiliser la figure ci-après.
Pour cet exercice, on laissera visibles les traits de construction mais aucune justification n'est demandée.

Soit le triangle équilatéral MAK, de côté mesurant 4 cm.

▶ 1. *a)* Construire le point I, image de M dans la rotation de centre K et d'angle 120° dans le sens inverse des aiguilles d'une montre.

b) Quelle est la nature exacte du triangle AKI ? (On ne demande pas de justification.)

▶ 2. Construire le point S, symétrique de M par rapport à K.

▶ 3. Construire le point O tel que K soit le milieu de [AO].

▶ 4. *a)* Construire le point N, image de K dans la translation de vecteur $\overrightarrow{AM}$.

b) Quelle est la nature exacte du quaquadrilatère AMNK ? (On ne demande pas de justification.)

▶ 5. *a)* Tracer le polygone MAISON.

b) Quelle est la nature exacte de ce polygone ? (On ne demande pas de justification.)

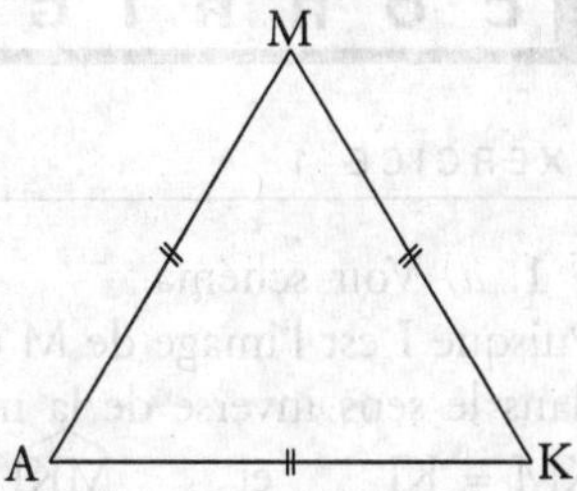

EXERCICE 2

▶ **1.** *a)* Tracer un triangle ABC tel que :
AC = 7,5 cm BC = 10 cm et AB = 6 cm
b) Placer E sur [AC] tel que AE = 4,5 cm et F sur [BC] tel que BF = 6 cm.

▶ **2.** Les droites (AB) et (EF) sont-elles parallèles ? Justifier.

▶ **3.** On trace la droite parallèle à (AB) passant par C. Cette droite coupe (BE) en L.
Déterminer CL.

EXERCICE 3

On considère la figure ci-contre (dimensions non respectées sur le dessin).

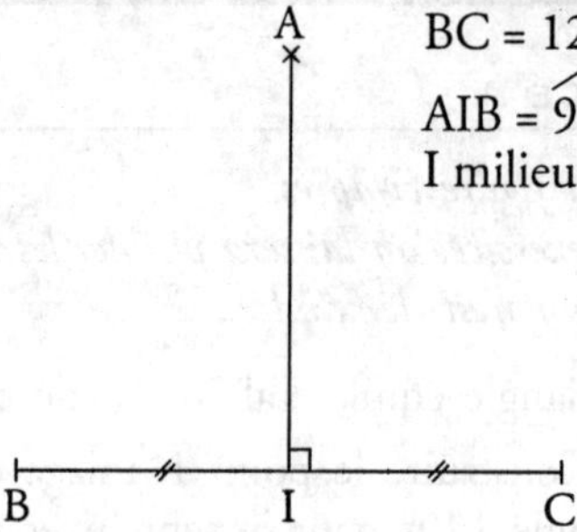

AI = 8 cm
BC = 12 cm
$\widehat{AIB} = 90°$
I milieu de [BC]

▶ **1.** Refaire la figure en vraie grandeur.

▶ **2.** *a)* Calculer AB.
b) Calculer sin $\widehat{ABI}$.

▶ **3.** O est le point de [BC] tel que BO = 5 cm.

$(\mathcal{C})$ est le cercle de centre O passant par B. Il recoupe [AB] en E et [BC] en F.
a) Compléter la figure du **1.** en traçant le cercle $(\mathcal{C})$ et en plaçant les points O, E et F.
b) Quelle est la nature du triangle BEF ? Justifier.

CORRIGÉ

EXERCICE 1

▶ **1.** *a)* Voir schéma.
Puisque I est l'image de M dans la rotation de centre K et d'angle 120° dans le sens inverse de la marche des aiguilles d'une montre, alors :
KM = KI et $\widehat{MKI} = 120°$

b) Le triangle AKI est équilatéral.
En effet, ce triangle est isocèle, puisque AK = KI, et $\widehat{AKI} = 60°$.

▶ 2. Voir schéma.
K est le milieu du segment [MS].

▶ 3. Voir schéma.

▶ 4. *a)* Voir schéma.
Nous avons $\overrightarrow{KN} = \overrightarrow{AM}$.
b) Le quadrilatère AMNK est un losange. En effet, il s'agit d'un parallélogramme ayant deux côtés consécutifs de même mesure.

▶ 5. *a)* Voir schéma.
b) Le polygone MAISON est un hexagone régulier (ses 6 côtés ont même mesure).

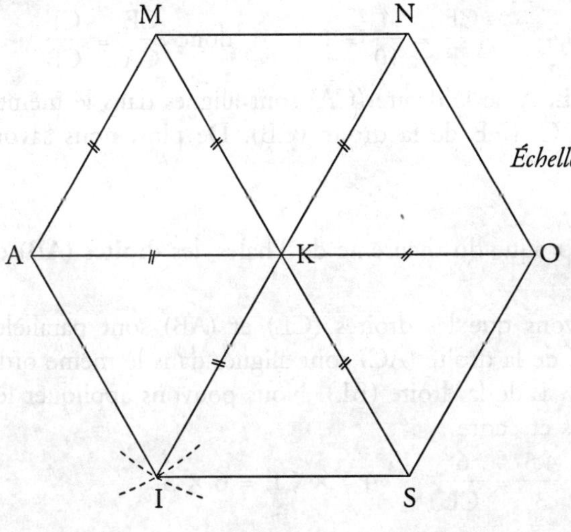

Échelle 8/10

EXERCICE 2

▶ 1. *a)* Effectuons la construction du triangle ABC.
• Traçons un segment [BC] de 10 cm de longueur.
• Traçons un arc de cercle de centre B et de rayon 6 cm.
• Traçons un arc de cercle de centre C et de rayon 7,5 cm.
L'une des intersections de ces deux arcs de cercle est le point A.

b) Voir schéma.

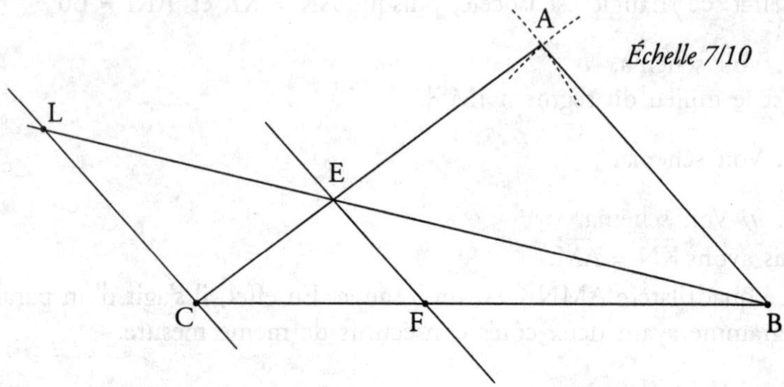

▶ **2.** Nous avons :
CE = CA – AE = 3 et CF = BC – BF = 4
Calculons :

$$\frac{CE}{CA} = \frac{3}{7,5} = 0,4 \qquad \frac{CF}{CB} = \frac{4}{10} = 0,4 \qquad \text{donc } \frac{CE}{CA} = \frac{CF}{CB}$$

Les points C, E, A de la droite (CA) sont alignés dans le même ordre que les points C, F, B de la droite (CB). De plus, nous savons que $\frac{CE}{CA} = \frac{CF}{CB}$.

D'après la réciproque du théorème de Thalès, **les droites (AB) et (EF) sont parallèles.**

▶ **3.** Nous savons que les droites (CL) et (AB) sont parallèles. Les points E, A, C de la droite (AC) sont alignés dans le même ordre que les points E, B, L de la droite (BL). Nous pouvons appliquer le théorème de Thalès et écrire :

$$\frac{EA}{EC} = \frac{AB}{CL} \qquad \frac{4,5}{3} = \frac{6}{CL} \qquad 4,5 \times CL = 6 \times 3$$

$$CL = \frac{6 \times 3}{4,5} \qquad \boxed{\mathbf{CL = 4\ cm}}$$

EXERCICE 3

▶ **1.** Voir figure.

▶ **2.** *a)* Nous savons que BI = 6 cm puisque I est le milieu du segment [BC].

Appliquons le théorème de Pythagore au triangle AIB rectangle en I

$AB^2 = AI^2 + BI^2$

$AB^2 = 8^2 + 6^2$

$AB^2 = 100$

AB = 10 cm

b) Dans ce même triangle AIB rectangle en I, $\sin \widehat{ABI} = \frac{AI}{AB} = \frac{8}{10}$.

$\sin \widehat{ABI} = 0,8$

▶ **3.** *a)* Voir figure.

b) Le triangle BEF est inscrit dans un demi-cercle de diamètre [BF].
Il est donc rectangle en E.

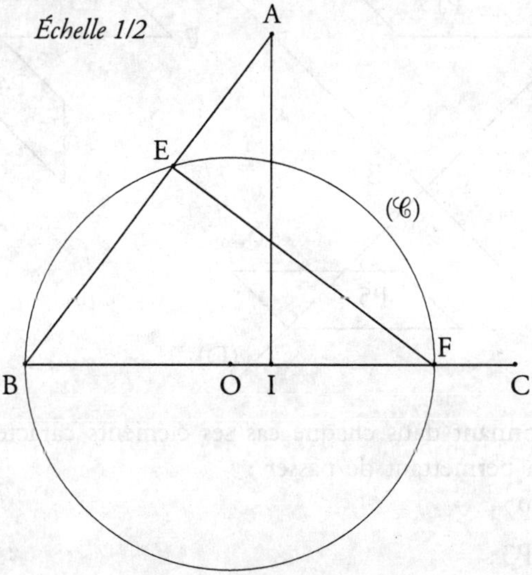

40 ASIE DU SUD-EST, MADAGASCAR, OCÉAN INDIEN • JUIN 2003 — 12 POINTS

SUJET

Les trois exercices qui suivent sont indépendants.

EXERCICE 1

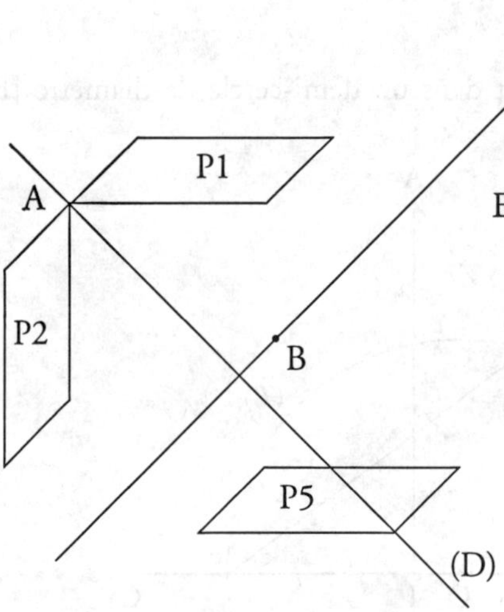

Préciser, en donnant dans chaque cas ses éléments caractéristiques, la transformation permettant de passer :

▶ **1.** de P1 à P2 ;

▶ **2.** de P1 à P3 ;

▶ **3.** de P3 à P4 ;

▶ **4.** de P1 à P5.

EXERCICE 2

▶ **1.** Construire un triangle ABC rectangle en B et tel que AB = 5 cm et $\widehat{BAC} = 60°$.

▶ **2.** Calculer AC.

▶ **3.** Tracer la médiatrice de [AC]. Elle coupe [AC] en I et [BC] en J. Calculer l'angle $\widehat{IJB}$.

EXERCICE 3

La figure suivante n'est pas en vraie grandeur, elle est donnée à titre indicatif.

SABCD est une pyramide à base carrée ; sa hauteur est l'arête [SA].
On donne :
SA = 4 cm
AB = 3 cm

▶ 1. Calculer SB.

▶ 2. Représenter en vraie grandeur les faces SAB et SBC.

▶ 3. Calculer le volume de cette pyramide.

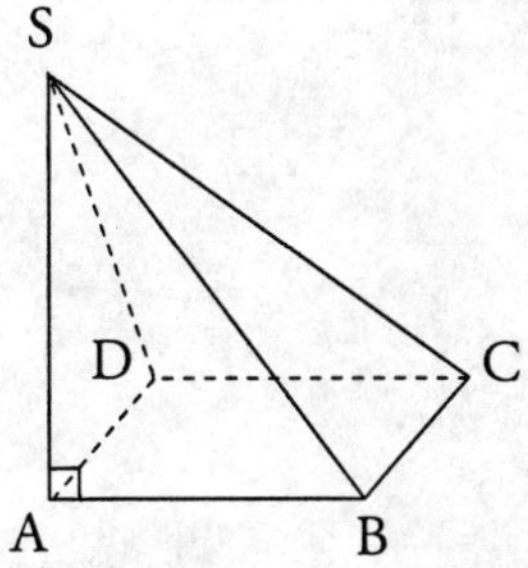

CORRIGÉ

EXERCICE 1

▶ 1. On passe de P_1 à P_2 par la symétrie d'axe (D).

▶ 2. On passe de P_1 à P_3 par la symétrie d'axe (D').

▶ 3. On passe de P_3 à P_4 par la rotation de centre C, d'angle 45° dans le sens contraire de la marche des aiguilles d'une montre.

▶ 4. On passe de P_1 à P_5 par la symétrie de centre B.

EXERCICE 2

▶ **1.** Voir figure.

Échelle 6/10

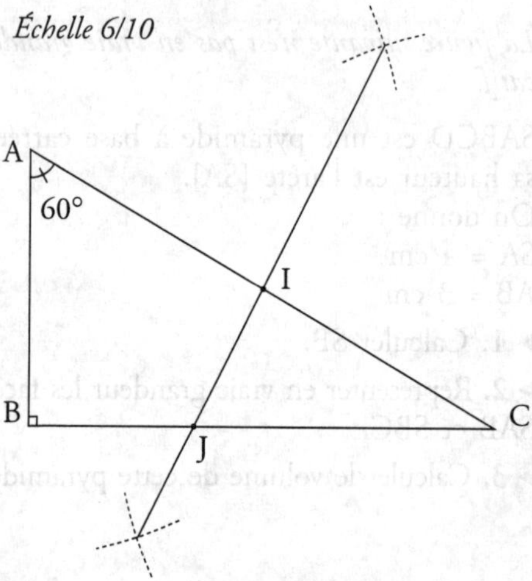

▶ **2.** Dans le triangle ABC rectangle en B, nous avons :

$$\cos \widehat{BAC} = \frac{AB}{AC}$$

$$AC = \frac{AB}{\cos \widehat{BAC}}$$

$$AC = \frac{5}{\cos 60°} = \frac{5}{\frac{1}{2}}$$

AC = 10 cm

▶ **3.** Dans le triangle ABC rectangle en B, les angles $\widehat{BAC}$ et $\widehat{BCA}$ sont complémentaires. Donc $\widehat{BCA} = 30°$.
La médiatrice de [AC] coupe perpendiculairement ce segment en son milieu I. Le triangle CIJ est rectangle en I. Les angles $\widehat{ICJ}$ et $\widehat{IJC}$ sont complémentaires. Donc $\widehat{IJC} = 60°$.
Les points B, J et C sont alignés. Les angles $\widehat{IJB}$ et $\widehat{IJC}$ sont supplémentaires. Donc :

$\widehat{IJB} + \widehat{IJC} = 180°$ $\widehat{IJB} = 180° - \widehat{IJC}$

$\widehat{IJB} = 180° - 60°$ **$\widehat{IJB} = 120°$**

EXERCICE 3

▶ **1.** Appliquons le théorème de Pythagore au triangle SAB rectangle en A.

$SB^2 = SA^2 + AB^2$

$SB^2 = 4^2 + 3^2$

$SB^2 = 25$

SB = 5 cm

▶ **2.** Voir schéma.

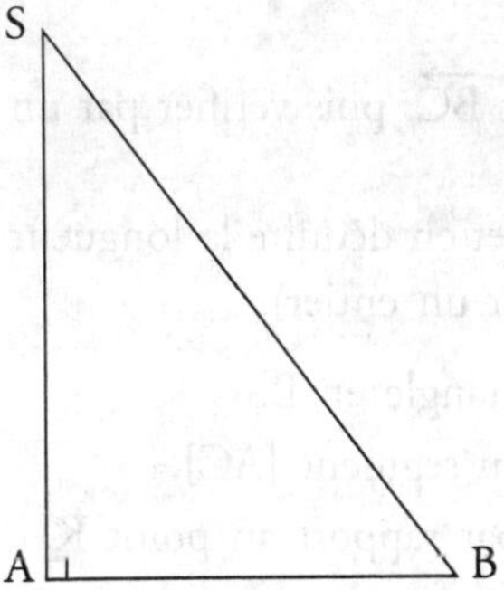

Face SAB
en vraie grandeur

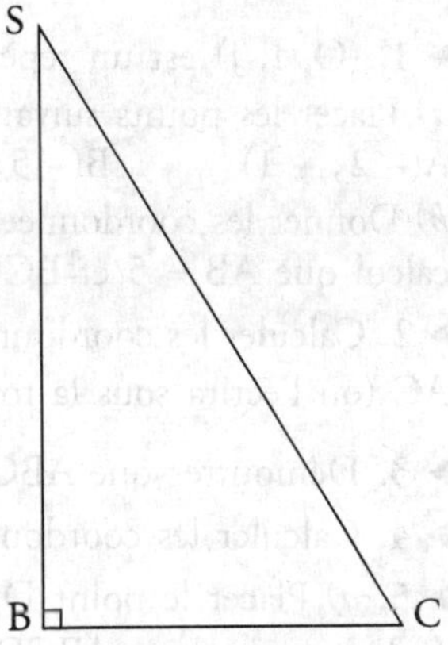

Face SBC
en vraie grandeur

▶ **3.** Notons V le volume de la pyramide SABCD.

Nous savons que : $V = \frac{1}{3} \times$ aire de la base $\times$ hauteur.

$V = \frac{1}{3} \times (AB)^2 \times SA$

$V = \frac{1}{3} \times (3)^2 \times 4$

$V = 12\ cm^3$

41 ASIE DU SUD-EST, MADAGASCAR, OCÉAN INDIEN • JUIN 2003 — **12 POINTS**

SUJET

PROBLÈME

Dans ce problème, l'unité de longueur est le centimètre et l'unité d'aire le cm². On pourra utiliser une feuille de papier millimétré.

▶ **1.** (O, I, J) est un repère orthonormé, avec OI = OJ = 1 cm.

a) Placer les points suivants :

A(– 2 ; – 1) B(– 5 ; 3) C(3 ; 9)

b) Donner les coordonnées des vecteurs $\overrightarrow{AB}$ et $\overrightarrow{BC}$, puis vérifier par un calcul que AB = 5 et BC = 10.

▶ **2.** Calculer les coordonnées du vecteur $\overrightarrow{AC}$ et en déduire la longueur AC (on l'écrira sous la forme $a\sqrt{5}$, où *a* est un entier).

▶ **3.** Démontrer que ABC est un triangle rectangle en B.

▶ **4.** Calculer les coordonnées du milieu K du segment [AC].

▶ **5.** *a)* Placer le point D, symétrique de B par rapport au point K.

b) Démontrer que ABCD est un rectangle.

c) Calculer son aire, puis celle du triangle ABC.

▶ **6.** La droite perpendiculaire à (AC) passant par B coupe (AC) en H et (AD) en L.

Utiliser l'aire du triangle ABC pour vérifier que $BH = 2\sqrt{5}$.

▶ **7.** On donne la valeur de AH : $AH = \sqrt{5}$.

a) Calculer HC (l'écrire sous la forme $a\sqrt{5}$, où *a* est un entier).

b) Utiliser le théorème de Thalès pour calculer AL.

CORRIGÉ

PROBLÈME

▶ 1. *a)* Voir schéma.

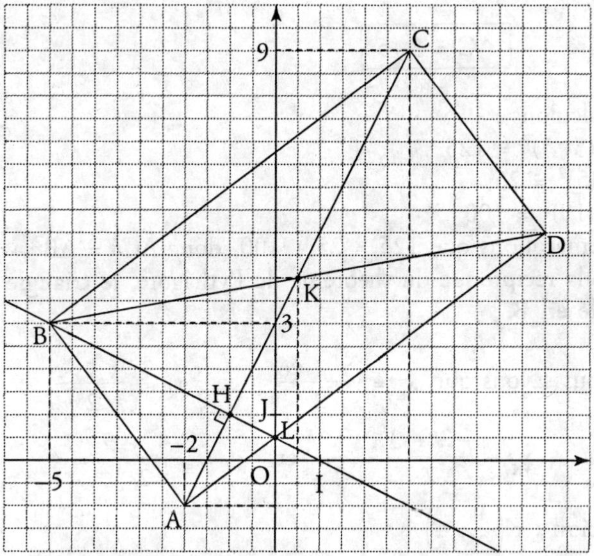

b) Nous savons que $\overrightarrow{AB}\begin{pmatrix} x_B - x_A \\ y_B - y_A \end{pmatrix}$.

$\overrightarrow{AB}\begin{pmatrix} -5+2 \\ 3+1 \end{pmatrix}$ ou encore $\overrightarrow{AB}\begin{pmatrix} -3 \\ 4 \end{pmatrix}$

De même $\overrightarrow{BC}\begin{pmatrix} x_C - x_B \\ y_C - y_B \end{pmatrix}$ soit $\overrightarrow{BC}\begin{pmatrix} 8 \\ 6 \end{pmatrix}$

Nous savons aussi que $AB = \sqrt{(x_B - x_A)^2 + (y_B - y_A)^2}$.

$AB = \sqrt{(-3)^2 + (4)^2}$ soit $\boxed{AB = 5}$

De même $BC = \sqrt{(8)^2 + (6)^2}$ soit $\boxed{BC = 10}$

▶ **2.** Nous savons que $\overrightarrow{AC}\begin{pmatrix} x_C - x_A \\ y_C - y_A \end{pmatrix}$.

$\overrightarrow{AC}\begin{pmatrix} 3+2 \\ 9+1 \end{pmatrix}$ ou encore $\overrightarrow{AC}\begin{pmatrix} 5 \\ 10 \end{pmatrix}$

$AC = \sqrt{(5)^2 + (10)^2}$ soit $AC = \sqrt{125} = \sqrt{5^2 \times 5}$

ou encore $\boxed{AC = 5\sqrt{5}}$

▶ **3.** Calculons :
$AC^2 = (5\sqrt{5})^2 = 125$
$AB^2 = (5)^2 = 25$
$BC^2 = (10)^2 = 100$
Nous remarquons que $125 = 25 + 100$, donc $AC^2 = AB^2 + BC^2$.
D'après la réciproque du théorème de Pythagore, **le triangle ABC est rectangle en B.**

▶ **4.** Nous savons que $x_K = \dfrac{x_A + x_C}{2}$ et $y_K = \dfrac{y_A + y_C}{2}$.

Donc $x_K = \dfrac{-2+3}{2} = \dfrac{1}{2}$ et $y_K = \dfrac{-1+9}{2} = 4$

Conclusion : $K\left(\dfrac{1}{2} ; 4\right)$

▶ **5.** *a)* Voir schéma.
Puisque D est le symétrique de B par rapport à K, alors K est le milieu du segment [BD].
b) Le quadrilatère ABCD possède des diagonales qui se coupent en leur milieu. C'est donc un parallélogramme. De plus, ABCD possède un angle droit en B.
ABCD est un rectangle.
c) Notons $\mathcal{A}_1$ l'aire du rectangle ABCD.
$\mathcal{A}_1 = AB \times AD$
$\mathcal{A}_1 = 5 \times 10$ soit $\boxed{\mathcal{A}_1 = 50 \text{ cm}^2}$

Notons $\mathcal{A}_2$ l'aire de triangle ABC.
$\mathcal{A}_2 = \dfrac{1}{2} \times \mathcal{A}_1$

$\boxed{\mathcal{A}_2 = 25 \text{ cm}^2}$

▶ **6.** Nous savons que l'aire du triangle ABC peut aussi s'écrire :

$$\mathcal{A}_2 = \frac{\text{base} \times \text{hauteur}}{2}$$

$$\mathcal{A}_2 = \frac{AC \times BH}{2}$$

Donc $25 = \dfrac{5\sqrt{5} \times BH}{2}$

$$BH = \frac{2 \times 25}{5\sqrt{5}} = \frac{10}{\sqrt{5}}$$

$$BH = \frac{10\sqrt{5}}{5}$$

$$\boxed{BH = 2\sqrt{5}}$$

▶ 7. *a)* Les points A, H, C sont alignés dans cet ordre, donc :

$HC = AC - AH$

$HC = 5\sqrt{5} - \sqrt{5}$

$$\boxed{HC = 4\sqrt{5}}$$

b) Les points A, H, C de la droite (AC) sont alignés dans le même ordre que les points L, H, B de la droite (LB). De plus, les droites (BC) et (AD) sont parallèles. Le théorème de Thalès permet d'écrire :

$$\frac{HA}{HC} = \frac{AL}{BC}$$

$$\frac{\sqrt{5}}{4\sqrt{5}} = \frac{AL}{10}$$

$4\sqrt{5} \times AL = 10 \times \sqrt{5}$

$4 \times AL = 10$

$$AL = \frac{10}{4}$$

$$\boxed{AL = 2{,}5 \text{ cm}}$$

SUJET

EXERCICE 1

Dans un parc d'activités, une épreuve consiste à parcourir une certaine distance, entre deux arbres, avec une tyrolienne (sorte de poulie qui permet de glisser le long d'un câble).

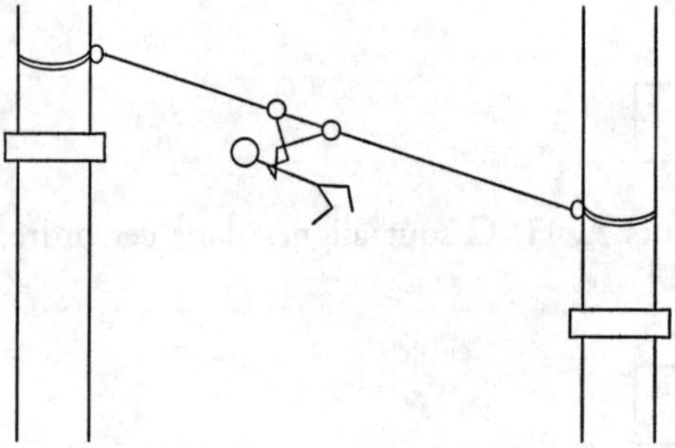

La situation est schématisée dans un plan vertical par le triangle rectangle ACB ci-dessous, où A et B désignent les points de fixation du câble sur les arbres, le segment [AB] représentant le câble.
On sait que le câble mesure 75 mètres de long, et qu'il fait un angle de 5° avec l'horizontale représentée par le segment [BC] sur le schéma.

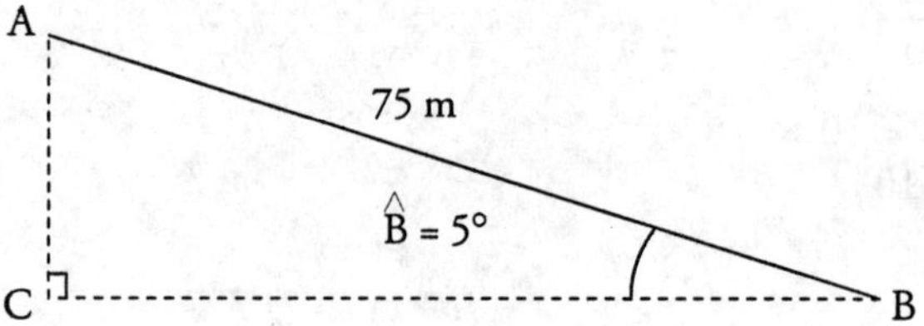

▶ **1.** Calculer la valeur arrondie au centimètre de la distance BC entre les deux arbres.

▶ **2.** En utilisant une relation trigonométrique, calculer la troncature au centimètre près de la différence de hauteur entre les deux plates-formes, représentée par AC sur le schéma.

EXERCICE 2

On considère qu'une boule de pétanque a pour volume 196 cm^3 et que son rayon est le double de celui du cochonnet.

▶ **1.** Quel est le rapport de réduction des rayons ? (Donner une écriture fractionnaire ou décimale.)

▶ **2.** En déduire le volume du cochonnet.

EXERCICE 3

La figure sera tracée sur la copie.

Placer dans un repère orthonormé, en prenant comme unité le centimètre, les points A(– 2 ; 2), B(2 ; 5), C(5 ; 1) et D(1 ; – 2).

▶ **1.** Calculer les distances AB, BC et AC. Montrer, en le justifiant, que le triangle ABC est rectangle et isocèle.

▶ **2.** Calculer les coordonnées des vecteurs $\overrightarrow{AD}$ et $\overrightarrow{BC}$. Que peut-on en déduire pour le quadrilatère ABCD ?

▶ **3.** Déduire des questions précédentes que ABCD est un carré.

CORRIGÉ

EXERCICE 1

▶ **1.** Dans le triangle ABC rectangle en C, nous avons :

$$\cos \widehat{ABC} = \frac{BC}{AB}$$

$$\cos 5° = \frac{BC}{75}$$

$$BC = 75 \times \cos 5°$$

$\boxed{BC = 74{,}71 \text{ m}}$ valeur arrondie au centimètre

▶ **2.** Dans ce même triangle ABC rectangle en C, nous avons aussi :

$\sin \widehat{ABC} = \frac{AC}{AB}$

$\sin 5° = \frac{AC}{75}$

$AC = 75 \times \sin 5°$

AC = 6,54 m valeur arrondie au centimètre

EXERCICE 2

▶ **1.** Notons R et r les rayons respectifs de la boule de pétanque et du cochonnet.

$\frac{r}{R} = \frac{1}{2}$

▶ **2.** Notons $\mathcal{V}$ et v les volumes respectifs de la boule de pétanque et du cochonnet.

$\mathcal{V} = \left(\frac{1}{2}\right)^3 \times v$

$\mathcal{V} = \frac{1}{8} \times 196$

$\mathcal{V}$ **= 24,5 cm³**

EXERCICE 3

▶ **1.** Nous savons que $AB = \sqrt{(x_B - x_A)^2 + (y_B - y_A)^2}$.

$AB = \sqrt{(2 + 2)^2 + (5 - 2)^2}$ soit $AB = \sqrt{25}$ ou encore $AB = 5$

$BC = \sqrt{(5 - 2)^2 + (1 - 5)^2}$ soit $BC = \sqrt{25}$ ou encore $BC = 5$

$AC = \sqrt{(5 + 2)^2 + (1 - 2)^2}$ soit $AC = \sqrt{50}$

ou encore $AC = 5\sqrt{2}$

Nous remarquons que 50 = 25 + 25, donc $AC^2 = AB^2 + BC^2$.
D'après la réciproque du théorème de Pythagore, le triangle ABC est rectangle en B.
De plus, AB = BC, donc **le triangle ABC est rectangle et isocèle en B.**

▶ **2.** Nous savons que $\overrightarrow{AD}\begin{pmatrix} x_D - x_A \\ y_D - y_A \end{pmatrix}$.

Donc $\overrightarrow{AD}\begin{pmatrix} 1 + 2 \\ -2 - 2 \end{pmatrix}$ ou encore $\overrightarrow{AD}\begin{pmatrix} 3 \\ -4 \end{pmatrix}$

De même $\overrightarrow{BC}\begin{pmatrix} 5 - 2 \\ 1 - 5 \end{pmatrix}$ ou encore $\overrightarrow{BC}\begin{pmatrix} 3 \\ -4 \end{pmatrix}$

Nous constatons que $\overrightarrow{AD} = \overrightarrow{BC}$. Alors le quadrilatère ABCD est un parallélogramme.

▶ **3.** Le quadrilatère ABCD est un parallélogramme qui possède un angle droit en B. C'est un rectangle. Ce rectangle possède deux côtés consécutifs égaux, puisque AB = BC. C'est donc un carré.
Conclusion : ABCD est un carré.

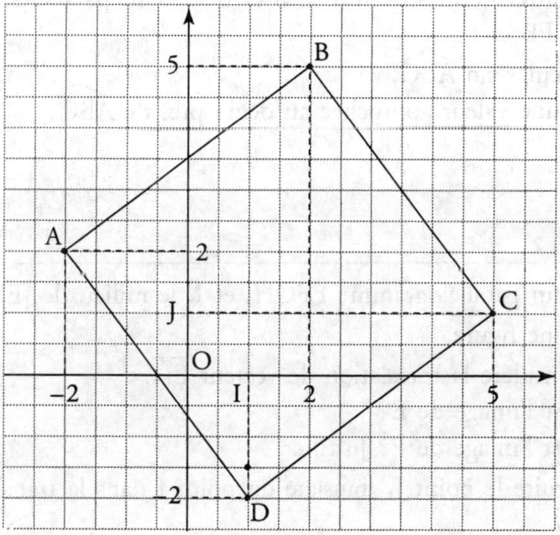

43 GUADELOUPE, GUYANE, MARTINIQUE — 12 POINTS
JUIN 2003

SUJET

EXERCICE 1

Toutes les questions sont indépendantes.

Soit un triangle ABC tel que :

AB = 7,5 cm   AC = 4,5 cm   BC = 6 cm

▶ **1.** Faire une figure que l'on complétera au fur et à mesure.

▶ **2.** Montrer que le triangle ABC est un triangle rectangle.

▶ **3.** *a)* Placer le point E du segment [AB] tel que BE = 5 cm.
Le cercle de diamètre [BE] coupe le côté [BC] en F.

b) Montrer que le triangle BFE est rectangle.

▶ **4.** *a)* Montrer que les droites (FE) et (AC) sont parallèles.

b) Calculer FB et FE.

▶ **5.** *a)* Calculer sin $\widehat{ABC}$.

b) Donner une valeur approchée au degré près de $\widehat{ABC}$.

EXERCICE 2

Construire un parallélogramme EFGH, et I, le milieu de [EF].

▶ **1.** Faire une figure.

▶ **2.** On considère la translation de vecteur $\overrightarrow{EH}$.

a) Quelle est l'image de E ?

b) Quelle est l'image de F ? Justifier.

▶ **3.** Construire le point J, translaté du point I dans la translation de vecteur $\overrightarrow{EH}$.
Que représente le point J pour le segment [GH] ? Justifier la réponse.

▶ **4.** Construire le point K tel que $\overrightarrow{EK} = \overrightarrow{EG} + \overrightarrow{EH}$.
Montrer que J est le milieu de [EK].

CORRIGÉ

EXERCICE 1

▶ 1. Construction de la figure.
Traçons un segment [AB], tel que AB = 7,5 cm.
Traçons un arc de cercle de centre A et de rayon 4,5 cm.
Traçons un arc de cercle de centre B et de rayon 6 cm.
Le point C est l'une des intersections de ces deux arcs de cercle.

Échelle 7/10

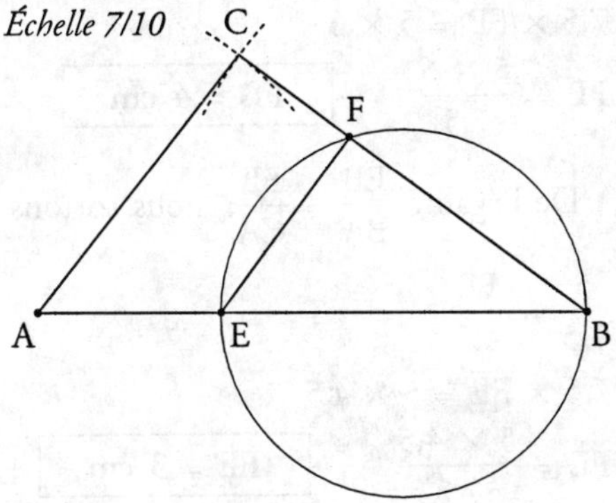

▶ 2. Calculons :
$AB^2 = (7{,}5)^2 = 56{,}25$
$AC^2 = (4{,}5)^2 = 20{,}25$
$BC^2 = (6)^2 = 36$
Nous remarquons que $56{,}25 = 20{,}25 + 36$, donc $AB^2 = AC^2 + BC^2$.
D'après la réciproque du théorème de Pythagore, le triangle ABC est rectangle en C.

▶ 3. *a)* Voir figure.
b) Le triangle BFE est inscrit dans un demi-cercle de diamètre [BE]. Il est donc rectangle en F.

▶ 4. *a)* Les triangles ABC et BFE sont rectangles respectivement en C et F.
Les droites (AC) et (FE) sont toutes deux perpendiculaires à la droite (BC). Les droites (FE) et (AC) sont donc parallèles.
b) Les points B, E, A de la droite (BA) sont alignés dans le même ordre que les points B, F, C de la droite (BC). De plus, les droites (FE) et (AC) sont parallèles.

Le théorème de Thalès permet d'écrire : $\dfrac{EB}{BA} = \dfrac{FB}{BC} = \dfrac{FE}{CA}$.

• De l'égalité $\frac{EB}{BA} = \frac{FB}{BC}$, nous sortons :

$\frac{5}{7,5} = \frac{FB}{6}$

$7,5 \times FB = 5 \times 6$

$FB = \frac{5 \times 6}{7,5}$ **FB = 4 cm**

• De l'égalité $\frac{EB}{BA} = \frac{FE}{CA}$, nous sortons :

$\frac{5}{7,5} = \frac{FE}{4,5}$

$7,5 \times FE = 5 \times 4,5$

$FE = \frac{5 \times 4,5}{7,5}$ **FE = 3 cm**

▶ **5.** *a)* Dans le triangle ABC rectangle en C, $\sin \widehat{ABC} = \frac{AC}{AB} = \frac{4,5}{7,5}$.

$\sin \widehat{ABC} = 0,6$

b) **$\widehat{ABC} = 37°$** est une valeur approchée au degré près.

EXERCICE 2

▶ **1.** Voir la figure ci-contre.

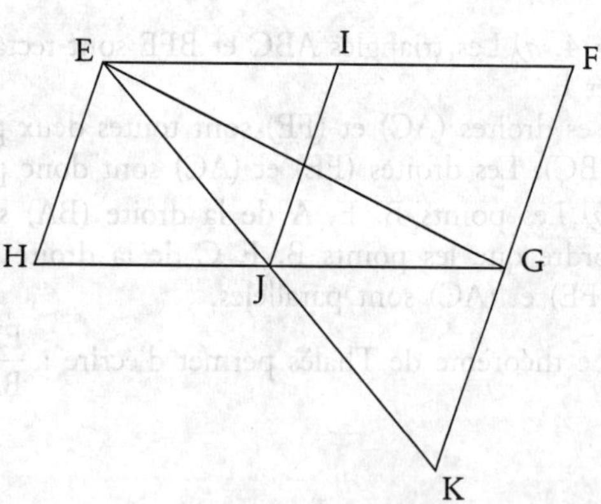

▶ 2. *a)* Par la translation de vecteur $\overrightarrow{EH}$, l'image du point E est le point H.

b) Puisque le quadrilatère EFGH est un parallélogramme, alors $\overrightarrow{FG} = \overrightarrow{EH}$.

Donc, par la translation de vecteur $\overrightarrow{EH}$, l'image du point F est le point G.

▶ 3. D'après la question précédente, par la translation de vecteur $\overrightarrow{EH}$, l'image du segment [EF] est le segment [HG].

La translation conserve les milieux des segments. Puisque I est le milieu de [EF], son image J est le milieu de [GH].

▶ 4. Puisque $\overrightarrow{EK} = \overrightarrow{EG} + \overrightarrow{EH}$, le quadrilatère EGKH est un parallélogramme.

Ses diagonales se coupent en leur milieu. Or J est milieu de [HG], donc J est aussi milieu de [EK].

44 GUADELOUPE, GUYANE, MARTINIQUE — 12 POINTS

JUIN 2003

SUJET

PROBLÈME

▶ 1. Dans un repère orthonormé (O, I, J), placer les points :

A(– 4 ; 2)   B(– 1 ; – 3)   et   C(4 ; 0)

▶ 2. Calculer les longueurs AB, AC et BC.

▶ 3. Montrer que le triangle ABC est rectangle isocèle.

▶ 4. Soit D le point tel que ABCD soit un parallélogramme.

Montrer que les coordonnées de D sont (1 ; 5).

▶ 5. Préciser alors la nature du quadrilatère ABCD et justifier la réponse.

▶ 6. On considère deux fonctions affines f et g de représentations graphiques respectives (AC) et (BD).

a) Montrer que l'expression de f est définie par $f(x) = -\frac{1}{4}x + 1$.

b) Déterminer l'expression de g.

c) Déterminer par le calcul les coordonnées du point d'intersection des droites (AC) et (BD).

CORRIGÉ

PROBLÈME

▶ 1. Voir schéma.

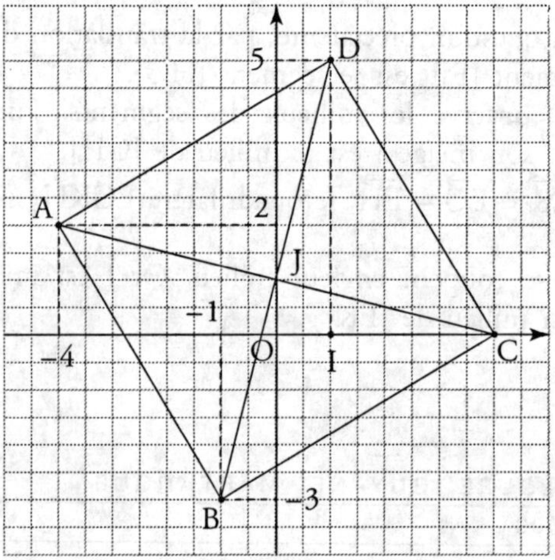

▶ 2. Nous savons que $AB = \sqrt{(x_B - x_A)^2 + (y_B - y_A)^2}$.

Donc $AB = \sqrt{(-1 + 4)^2 + (-3 - 2)^2}$ soit $AB = \sqrt{34}$

De même $AC = \sqrt{(4 + 4)^2 + (0 - 2)^2}$ soit $AC = \sqrt{68}$

et $BC = \sqrt{(4 + 1)^2 + (0 + 3)^2}$ soit $BC = \sqrt{34}$

▶ 3. Nous remarquons que :

• 68 = 34 + 34 donc $AC^2 = AB^2 + BC^2$

D'après la réciproque du théorème de Pythagore, le triangle ABC est rectangle en B.

• AB = BC

Le triangle ABC est isocèle en B.

Conclusion : Le triangle ABC est rectangle et isocèle en B.

▶ 4. Puisque le quadrilatère ABCD est un parallélogramme, alors :

$\overrightarrow{AB} = \overrightarrow{DC}$

Nous savons que $\overrightarrow{AB}\begin{pmatrix} x_B - x_A \\ y_B - y_A \end{pmatrix}$.

Alors $\overrightarrow{AB}\begin{pmatrix} -1 + 4 \\ -3 - 2 \end{pmatrix}$

ou encore $\overrightarrow{AB}\begin{pmatrix} 3 \\ -5 \end{pmatrix}$

De plus $\overrightarrow{DC}\begin{pmatrix} 4 - x_D \\ 0 - y_D \end{pmatrix}$

Nous pouvons écrire le système :

$$\begin{cases} 4 - x_D = 3 \\ 0 - y_D = -5 \end{cases}$$

Nous obtenons alors aisément :

$$\begin{cases} x_D = 1 \\ y_D = 5 \end{cases}$$

$$\boxed{D(1\,;\,5)}$$

▶ 5. Le quadrilatère ABCD est un parallélogramme. Ce dernier possède un angle droit en B. C'est donc un rectangle. De plus, il possède deux côtés consécutifs de même mesure. **ABCD est un carré.**

▶ 6. *a)* La fonction affine f est définie par $f(x) = ax + b$.
La représentation graphique de la fonction f est la droite (AC).
Donc $f(-4) = 2$ et $f(4) = 0$
Nous obtenons le système suivant :

$$\begin{cases} -4a + b = 2 & (1) \\ 4a + b = 0 & (2) \end{cases}$$

Additionnons membre à membre ces deux équations. Il vient :
$2b = 2$ soit $b = 1$
Remplaçons b par 1 dans l'équation (2) par exemple. Nous trouvons :
$4a + 1 = 0$
ou encore $a = -\dfrac{1}{4}$

Conclusion : $f(x) = -\dfrac{1}{4}x + 1$

b) La fonction g est définie par $g(x) = cx + d$.
La représentation graphique de la fonction g est la droite (BD).
Donc $g(-1) = -3$ et $g(1) = 5$
Nous obtenons le système suivant :

$$\begin{cases} -c + d = -3 & (1) \\ c + d = 5 & (2) \end{cases}$$

Additionnons membre à membre ces deux équations. Il vient :
$2d = 2$ soit $d = 1$
Remplaçons d par 1 dans l'équation (2) par exemple. Nous trouvons :
$c + 1 = 5$ ou encore $c = 4$
Conclusion : $g(x) = 4x + 1$

c) Nous avons démontré à la question précédente que les équations respectives des droites (AC) et (BD) étaient :

$$y = -\frac{1}{4}x + 1 \quad \text{et} \quad y = 4x + 1$$

Les coordonnées du point d'intersection de ces deux droites sont solution du système :

$$\begin{cases} y = -\frac{1}{4}x + 1 & (1) \\ y = 4x + 1 & (2) \end{cases}$$

Soustrayons membre à membre. Il vient :

$$0 = \left(-\frac{1}{4}x + 1\right) - (4x + 1) \qquad 0 = -\frac{1}{4}x - 4x$$

$$-\frac{17}{4}x = 0$$

$x = 0$
En remplaçant x par 0 dans (1) par exemple, on trouve $y = 1$.
Les coordonnées du point d'intersection des deux droites sont (0 ; 1).
Conclusion : Les droites (AC) et (BD) se coupent en J.

SUJET

EXERCICE 1

▶ **1.** Construire le triangle ABC tel que
AB = 7,5 cm BC = 10 cm et AC = 12,5 cm

▶ **2.** Montrer que le triangle ABC est rectangle.

▶ **3.** *a)* M est un point du segment [BC] tel que BM = 4 cm.
Placer le point M et construire la droite (*d*) parallèle à la droite (AC) passant par M. La droite (*d*) coupe [AB] au point N.
b) Calculer BN et MN.

EXERCICE 2

Soit SAB un cône de révolution, S est le sommet du cône. Sa base est un disque de diamètre [AB] et de centre O. Sa hauteur est [SO].
On donne AB = 4 cm et SO = 4,5 cm.

▶ **1.** Calculer le volume du cône et donner une valeur arrondie au cm^3 près.

▶ **2.** Calculer l'angle $\widehat{ASO}$ et donner une valeur arrondie au degré près.

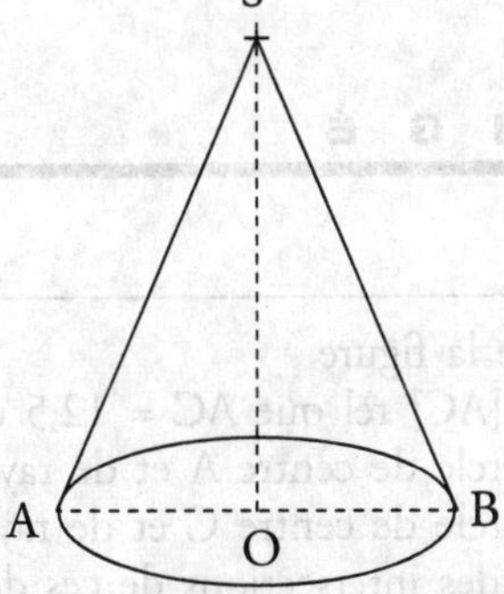

EXERCICE 3

Le schéma ci-contre représente un carré ABCD dont les diagonales se coupent en O. Les points M, N, P et L sont les milieux respectifs des côtés [AB], [BC], [CD] et [AD]. Répondre aux questions suivantes sans justifier.

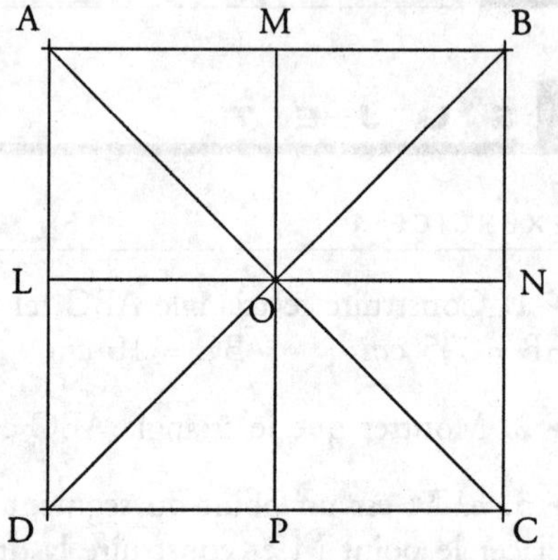

▶ 1. Quel est le symétrique du triangle AOM par rapport à la droite (LN) ?

▶ 2. Quel est le symétrique du triangle AOM par rapport au point O ?

▶ 3. On considère la rotation de centre O et d'angle 90° dans le sens des aiguilles d'une montre. Quelle est l'image du triangle AOM par cette rotation ?

▶ 4. Recopier et compléter les égalités vectorielles suivantes :
$\overrightarrow{PO} + \overrightarrow{OC} = \ldots$ $\overrightarrow{AM} + \overrightarrow{OC} = \ldots$

CORRIGÉ

EXERCICE 1

▶ 1. Construction de la figure.
Traçons un segment [AC] tel que AC = 12,5 cm.
Traçons un arc de cercle de centre A et de rayon 7,5 cm.
Traçons un arc de cercle de centre C et de rayon 10 cm.
Le point B est l'une des intersections de ces deux arcs de cercle.

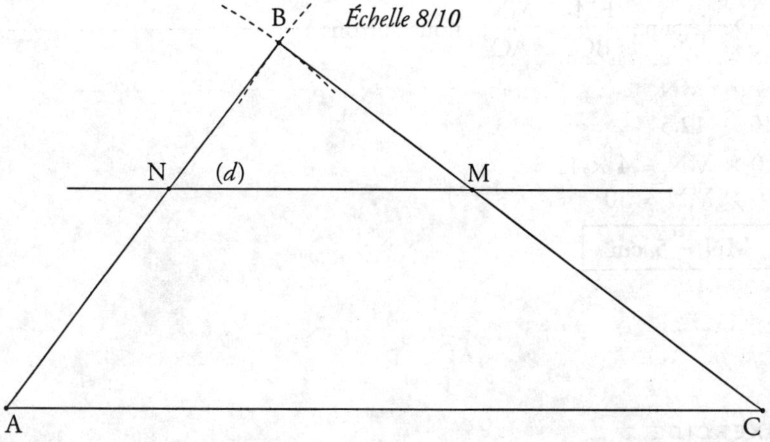

▶ **2.** Calculons :
$AB^2 = (7,5)^2 = 56,25$
$BC^2 = (10)^2 = 100$
$AC^2 = (12,5)^2 = 156,25$
Nous remarquons que 56,25 + 100 = 156,25, donc $AB^2 + BC^2 = AC^2$.
D'après la réciproque du théorème de Pythagore, **le triangle ABC est rectangle en B.**

▶ **3.** *a)* Voir figure.
b) Les points B, M, C de la droite (BC) sont alignés dans le même ordre que les points B, N, A de la droite (BA). De plus, les droites (MN) et (AC) sont parallèles. D'après le théorème de Thalès, nous pouvons écrire :

$$\frac{BN}{BA} = \frac{BM}{BC} = \frac{MN}{AC}$$

• De l'égalité $\frac{BN}{BA} = \frac{BM}{BC}$, nous sortons :

$$\frac{BN}{7,5} = \frac{4}{10}$$
$10 \times BN = 4 \times 7,5$
$10 \times BN = 30$

BN = 3 cm

• De l'égalité $\frac{BM}{BC} = \frac{MN}{AC}$, nous sortons :

$\frac{4}{10} = \frac{MN}{12{,}5}$

$10 \times MN = 4 \times 12{,}5$

$10 \times MN = 50$

MN = 5 cm

EXERCICE 2

▶ **1.** Nous savons que le volume $\mathcal{V}$ d'un cône est donné par la formule :

$\mathcal{V} = \frac{1}{3} \times$ aire de la base $\times$ hauteur

$\mathcal{V} = \frac{1}{3} \times (\pi \times 2^2) \times 4{,}5$

$\mathcal{V} = 6\pi$ cm³

$\mathcal{V} = 19$ cm³ est une valeur arrondie à 1 cm³ près par excès.

▶ **2.** Dans le triangle SOA rectangle en O, nous avons $\tan \widehat{ASO} = \frac{AO}{SO}$.

$\tan \widehat{ASO} = \frac{2}{4{,}5}$

$\widehat{ASO} = 24°$ valeur arrondie au degré près

EXERCICE 3

▶ **1.** Le symétrique du triangle AOM par rapport à la droite (LN) est le triangle DOP.

▶ **2.** Le symétrique du triangle AOM par rapport au point O est le triangle COP.

▶ **3.** L'image du triangle AOM par la rotation de centre O et d'angle 90° dans le sens de la marche des aiguilles d'une montre est le triangle BON.

▶ **4.** • $\overrightarrow{PO} + \overrightarrow{OC} = \overrightarrow{PC}$ d'après la relation de Chasles

• $\overrightarrow{AM} + \overrightarrow{OC} = \overrightarrow{LO} + \overrightarrow{OC} = \overrightarrow{LC}$

46 POLYNÉSIE JUIN 2003 **12 POINTS**

SUJET

PROBLÈME

Le plan est muni d'un repère orthonormé (O, I, J). L'unité choisie est le centimètre.
Pensez à laisser de la place autour du repère pour compléter la figure au fur et à mesure que vous traiterez le problème.

▶ **1.** Placer les points :
M(1 ; 3) N(– 1 ; 5) et P(– 3 ; 1)

▶ **2.** Montrer que $MN = 2\sqrt{2}$ et $NP = MP = 2\sqrt{5}$.

▶ **3.** En déduire la nature du triangle MNP.

▶ **4.** Soit A le milieu de [MN]. Montrer, sans calcul, que le triangle APN est rectangle.

▶ **5.** Calculer les coordonnées de A.

▶ **6.** Construire le point R tel que $\overrightarrow{MR} = \overrightarrow{PN}$.

▶ **7.** Calculer les coordonnées du vecteur $\overrightarrow{PN}$.

▶ **8.** Déduire des questions **6.** et **7.** les coordonnées du point R.

CORRIGÉ

PROBLÈME

▶ **1.** Voir schéma.

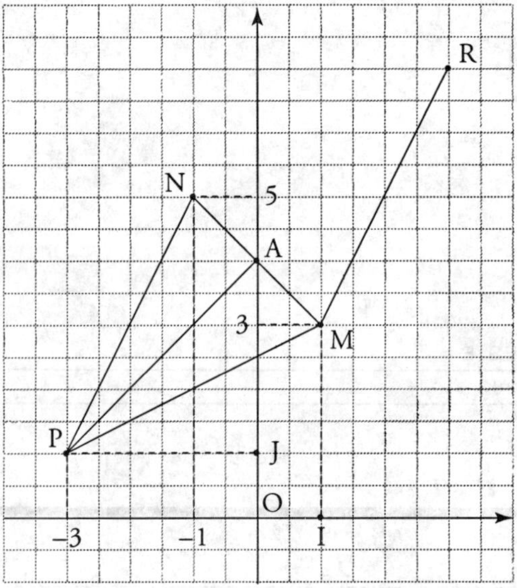

▶ **2.** Nous savons que $MN = \sqrt{(x_N - x_M)^2 + (y_N - y_M)^2}$.

$MN = \sqrt{(-1-1)^2 + (5-3)^2}$ ou encore $MN = \sqrt{8}$

soit $MN = 2\sqrt{2}$

De même, calculons :

$NP = \sqrt{(-3+1)^2 + (1-5)^2}$ ou encore $NP = \sqrt{20}$

soit $NP = 2\sqrt{5}$

$MP = \sqrt{(-3-1)^2 + (1-3)^2}$ ou encore $MP = \sqrt{20}$

soit $MP = 2\sqrt{5}$

Nous remarquons que NP = MP.

▶ **3.** Puisque NP = MP, le triangle MNP est isocèle en P.

▶ **4.** Puisque A est le milieu du segment [MN], la droite (PA) est la médiane issue de P du triangle MPN. Ce triangle est isocèle en P, donc la médiane (PA) est aussi hauteur. Le triangle APN est rectangle en A.

▶ **5.** Puisque A est le milieu du segment [MN], alors :

$$x_A = \frac{x_M + x_N}{2} \qquad \text{et} \qquad y_A = \frac{y_M + y_N}{2}$$

$$x_A = \frac{1 - 1}{2} \qquad \text{donc} \qquad x_A = 0$$

$$y_A = \frac{3 + 5}{2} \qquad \text{donc} \qquad y_A = 4$$

$$\boxed{A(0\,;\,4)}$$

▶ **6.** Voir schéma.
Puisque $\overrightarrow{MR} = \overrightarrow{PN}$, alors le quadrilatère PMRN est un parallélogramme.

▶ **7.** Nous savons que $\overrightarrow{PN}\begin{pmatrix} x_N - x_P \\ y_N - y_P \end{pmatrix}$.

$$\overrightarrow{PN}\begin{pmatrix} -1 + 3 \\ 5 - 1 \end{pmatrix} \qquad \text{ou encore} \qquad \overrightarrow{PN}\begin{pmatrix} 2 \\ 4 \end{pmatrix}$$

▶ **8.** Puisque $\overrightarrow{MR} = \overrightarrow{PN}$, alors $\overrightarrow{MR}\begin{pmatrix} 2 \\ 4 \end{pmatrix}$.

Mais $\overrightarrow{MR}\begin{pmatrix} x_R - x_M \\ y_R - y_M \end{pmatrix}$ ou encore $\overrightarrow{MR}\begin{pmatrix} x_R - 1 \\ y_R - 3 \end{pmatrix}$

Alors nous pouvons écrire :

$$\begin{cases} x_R - 1 = 2 \\ y_R - 3 = 4 \end{cases}$$

$$\begin{cases} x_R = 3 \\ y_R = 7 \end{cases} \qquad \boxed{R(3\,;\,7)}$$

47 PONDICHÉRY — JUIN 2003 — **12 POINTS**

SUJET

EXERCICE 1

Le cône ci-contre a pour base un disque de rayon 6 cm et la génératrice [SA] mesure 10 cm. (Les figures ne sont pas à l'échelle.)

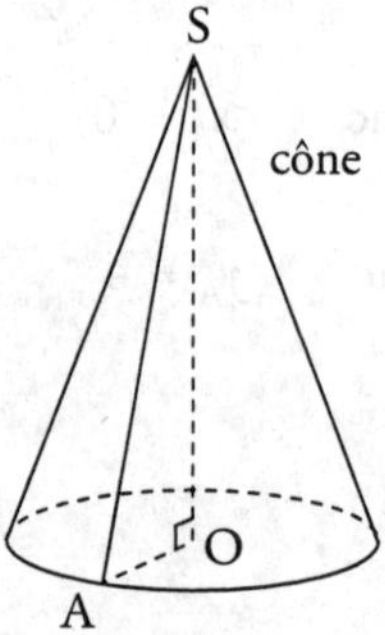

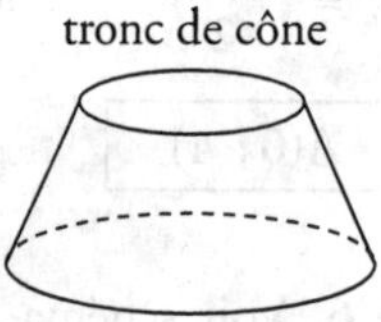

▶ **1.** Calculer la longueur de la hauteur [SO].

▶ **2.** Calculer la mesure, arrondie au degré près, de l'angle $\widehat{ASO}$.

▶ **3.** Montrer que la valeur exacte, en cm^3, du volume V_1 du cône est 96π.

▶ **4.** On enlève la partie supérieure du cône en le coupant par un plan parallèle à la base et passant par le milieu de la hauteur. On rappelle que la partie enlevée est une réduction du cône initial.

a) Quel est le coefficient de réduction ?

b) Montrer que la valeur exacte, en cm^3, du volume V_2 de la partie enlevée est 12π.

c) En déduire la valeur exacte, en cm^3, du volume V' du tronc de cône.

EXERCICE 2

Les constructions sont à faire sur papier millimétré.

▶ **1.** Le plan est muni d'un repère orthonormal (O, I, J). L'unité est le centimètre.

Placer les points suivants :

A(– 2 ; –3) B(1 ; 1) C(– 3 ; – 1)

▶ **2.** Vérifier par le calcul que AB = 5 cm.

▶ **3.** On donne $AC = \sqrt{5}$ cm et $BC = 2\sqrt{5}$ cm.

a) Démontrer que le triangle ABC est rectangle.

b) Calculer son aire.

▶ **4.** Soit D le symétrique de A par rapport à C, et E le symétrique de B par rapport à C.
Quelle est la nature du quadrilatère ABDE ? Justifier la réponse.

▶ **5.** Compléter :
$\overrightarrow{BA} + \overrightarrow{AC} = \ldots$ $\qquad \overrightarrow{BD} + \overrightarrow{BA} = \ldots$

CORRIGÉ

EXERCICE 1

▶ **1.** Appliquons le théorème de Pythagore au triangle SOA rectangle en O. Il vient :

$SO^2 + OA^2 = SA^2$

$SO^2 = SA^2 - OA^2$

$SO^2 = 10^2 - 6^2$

$SO^2 = 64$

$\boxed{SO = 8 \text{ cm}}$

▶ **2.** Dans le triangle SOA rectangle en O, nous savons que :

$$\tan \widehat{ASO} = \frac{AO}{SO} = \frac{6}{8}$$

Alors $\boxed{\widehat{ASO} = 37°}$ valeur arrondie au degré près

▶ **3.** Nous savons que :

$$V_1 = \frac{1}{3} \times \text{aire de la base} \times \text{hauteur}$$

$$V_1 = \frac{1}{3} \times (\pi \times OA^2) \times SO$$

CORRIGÉ

$V_1 = \frac{1}{3} \times \pi \times 36 \times 8$

$$\boxed{V_1 = 96\pi \text{ en cm}^3}$$

▶ **4.** *a)* Notons k le coefficient de réduction. D'après l'énoncé, $k = \frac{1}{2}$.

b) Calculons la valeur exacte de V_2.

$V_2 = \left(\frac{1}{2}\right)^3 \times V_1$

$V_2 = \left(\frac{1}{2}\right)^3 \times 96\pi$

$$\boxed{V_2 = 12\pi \text{ en cm}^3}$$

c) Calculons alors la valeur exacte du volume V' du tronc de cône.

$V' = V_1 - V_2$

$V' = 96\pi - 12\pi$

$$\boxed{V' = 84\pi \text{ en cm}^3}$$

EXERCICE 2

▶ **1.** Voir schéma.

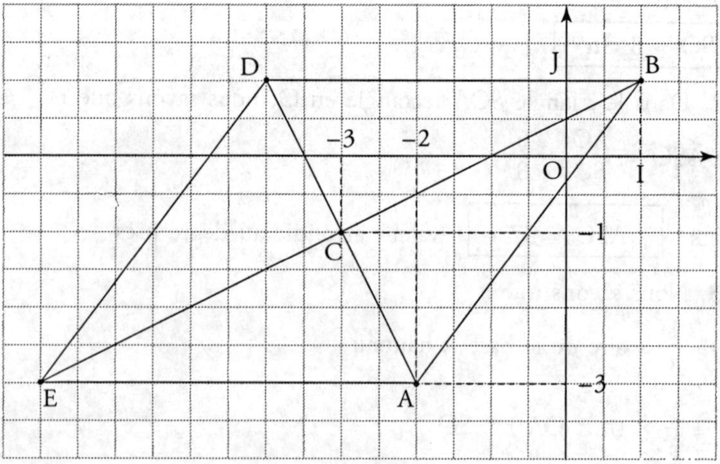

▶ **2.** Nous savons que $AB = \sqrt{(x_B - x_A)^2 + (y_B - y_A)^2}$.

Alors $AB = \sqrt{(1 + 2)^2 + (1 + 3)^2}$

$AB = \sqrt{9 + 16}$

$AB = 5$ cm

▶ **3.** *a)* Calculons :
$AB^2 = (5)^2 = 25$

$AC^2 = (\sqrt{5})^2 = 5$

$BC^2 = (2\sqrt{5})^2 = 20$

Nous remarquons que $25 = 5 + 20$, donc $AB^2 = AC^2 + BC^2$.
D'après la réciproque du théorème de Pythagore, nous pouvons affirmer que **le triangle ABC est rectangle en C.**
b) Notons $\mathcal{A}$ l'aire du triangle ABC.

$$\mathcal{A} = \frac{AC \times BC}{2}$$

$$\mathcal{A} = \frac{\sqrt{5} \times 2\sqrt{5}}{2}$$

$\mathcal{A} = 5$ cm²

▶ **4.** Puisque D est le symétrique de A par rapport à C, alors le point C est le milieu du segment [AD]. De même, puisque le point E est le symétrique de B par rapport à C, alors le point C est le milieu du segment [BE]. Le quadrilatère ABDE possède des diagonales qui se coupent perpendiculairement en leur milieu.
ABDE est donc un losange.

▶ **5.** Nous pouvons écrire :
- $\overrightarrow{BA} + \overrightarrow{AC} = \overrightarrow{BC}$ d'après la relation de Chasles ;
- $\overrightarrow{BD} + \overrightarrow{BA} = \overrightarrow{BE}$ puisque le quadrilatère ABDE est un losange.

SUJET

EXERCICE 1

On considère la figure ci-après où les longueurs sont données en centimètres :

- les droites (CF) et (BG) se coupent en E ;
- les points A, G, F sont alignés ;
- les droites (BC) et (AF) sont parallèles ;
- EC = 7 EG = 8 EB = 6
- $\widehat{EBC} = 90°$ $\widehat{ABG} = 20°$

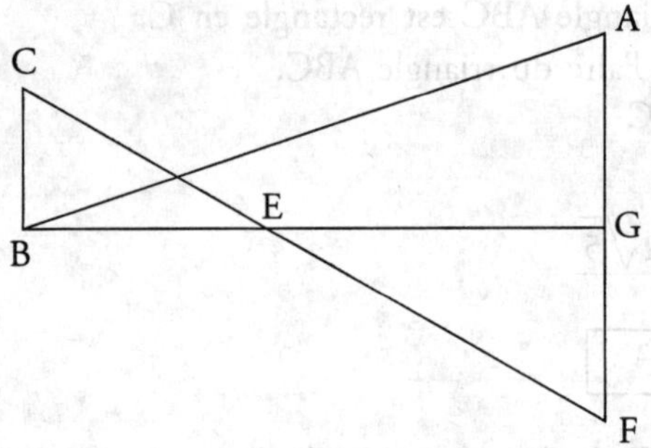

Pour chacune des questions suivantes, donner la valeur exacte puis arrondie à 0,1 près.

▶ **1.** Calculer la longueur BC.

▶ **2.** Calculer la longueur EF.

▶ **3.** Calculer la longueur AG.

EXERCICE 2

Dans un repère orthonormé (O, I, J), on considère les points suivants :
A(– 3 ; – 2) B(– 1 ; 9) C(9 ; 4)

▶ **1.** Faire une figure en prenant 1 cm pour unité de longueur.

▶ **2.** On note M le milieu du segment [AC]. Calculer les coordonnées du point M.

▶ 3. Calculer les coordonnées des vecteurs $\overrightarrow{AB}$ et $\overrightarrow{AC}$.

▶ 4. Calculer la longueur BC. (On donnera la valeur arrondie à 0,1 près.)

EXERCICE 3

La Terre est assimilée à une sphère de rayon 6 370 km.

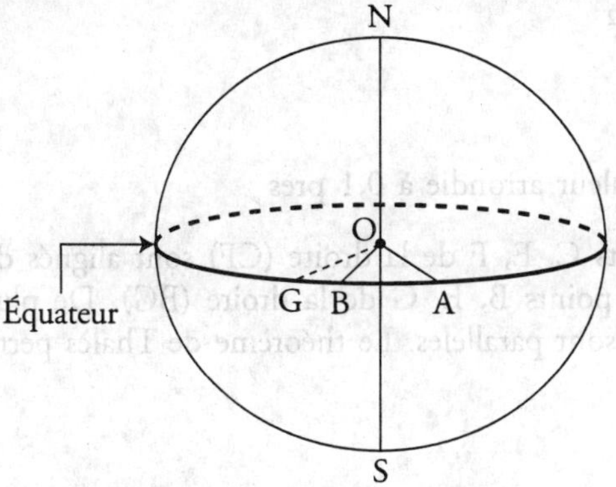

▶ 1. On considère le plan perpendiculaire à la ligne des pôles (NS) et équidistant de ces deux pôles. L'intersection de ce plan avec la Terre s'appelle l'équateur. Calculer la longueur de l'équateur.

▶ 2. On note O le centre de la Terre et G un point de l'équateur. On considère deux points A et B situés en Afrique sur l'équateur. Ces points sont disposés comme l'indique le schéma ci-dessus.

On sait que $\widehat{GOA} = 42°$ et $\widehat{GOB} = 9°$.
Calculer la longueur de l'arc $\overset{\frown}{AB}$, portion de l'équateur située en Afrique.

CORRIGÉ

EXERCICE 1

▶ **1.** Appliquons le théorème de Pythagore au triangle BCE rectangle en B.

$BC^2 + EB^2 = EC^2$

$BC^2 = EC^2 - EB^2$

$BC^2 = 7^2 - 6^2$

$BC^2 = 13$

$\boxed{BC = \sqrt{13}}$

BC = 3,6 valeur arrondie à 0,1 près

▶ **2.** Les points C, E, F de la droite (CF) sont alignés dans le même ordre que les points B, E, G de la droite (BG). De plus, les droites (BC) et (AF) sont parallèles. Le théorème de Thalès permet d'écrire :

$$\frac{EC}{EF} = \frac{EB}{EG}$$

$$\frac{7}{EF} = \frac{6}{8}$$

$6EF = 7 \times 8$

$$EF = \frac{7 \times 8}{6} \qquad \boxed{EF = \frac{28}{3}}$$

EF = 9,3 à 0,1 près

▶ **3.** Dans le triangle ABG rectangle en G, nous avons :

$$\tan \widehat{ABG} = \frac{AG}{BG}$$

$AG = BG \times \tan \widehat{ABG}$

Or $BG = EB + EG = 14$

$\boxed{AG = 14 \times \tan 20°}$

BG = 5,1 à 0,1 près

EXERCICE 2

▶ **1.** Voir figure.

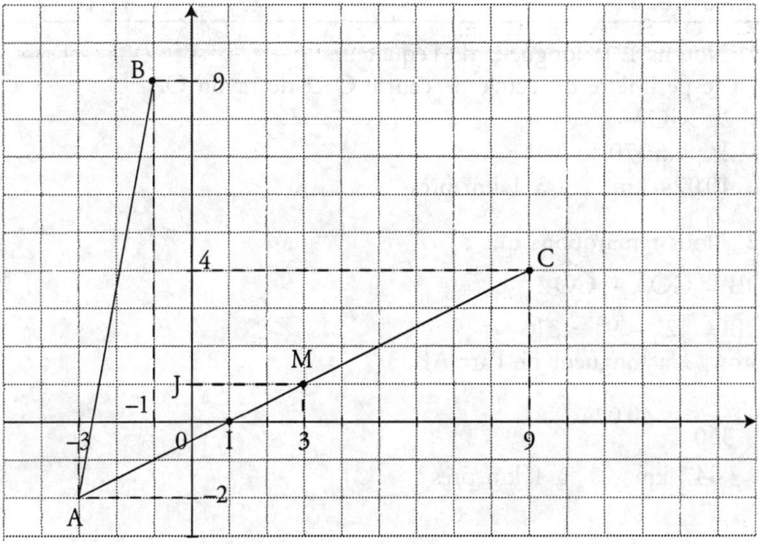

▶ **2.** M est le milieu du segment [AC], donc :

$x_M = \dfrac{x_A + x_C}{2}$ et $y_M = \dfrac{y_A + y_C}{2}$

Alors $x_M = \dfrac{-3 + 9}{2} = 3$ et $y_M = \dfrac{-2 + 4}{2} = 1$

Conclusion : M(3 ; 1)

▶ **3.** Nous savons que $\overrightarrow{AB}\begin{pmatrix} x_B - x_A \\ y_B - y_A \end{pmatrix}$.

Donc $\overrightarrow{AB}\begin{pmatrix} -1 + 3 \\ 9 + 2 \end{pmatrix}$ soit $\overrightarrow{AB}\begin{pmatrix} 2 \\ 11 \end{pmatrix}$

De même $\overrightarrow{AC}\begin{pmatrix} 9 + 3 \\ 4 + 2 \end{pmatrix}$ soit $\overrightarrow{AC}\begin{pmatrix} 12 \\ 6 \end{pmatrix}$

▶ **4.** Nous savons que $BC = \sqrt{(x_C - x_B)^2 + (y_C - y_B)^2}$.

$BC = \sqrt{(9 + 1)^2 + (4 - 9)^2}$

$BC = \sqrt{100 + 25}$

$BC = \sqrt{125} = \sqrt{5^2 \times 5}$ $\boxed{BC = 5\sqrt{5}}$

BC = 11,2 à 0,1 près

EXERCICE 3

▶ **1.** Notons L la longueur de l'équateur.
L est le périmètre du cercle de centre O et de rayon OA.
$L = 2\pi \times OA$
$L = 2\pi \times 6\,370$
L = 40 024 km à 1 km près

▶ **2.** Nous remarquons que :
$\widehat{AOB} = \widehat{GOA} - \widehat{GOB}$
$\widehat{AOB} = 42° - 9° = 31°$
Notons l la longueur de l'arc $\overset{\frown}{AB}$.

$$l = \frac{31}{360} \times 40\,024$$

l = 3 447 km à 1 km près

49 NANCY-METZ, BESANÇON, DIJON, LYON, REIMS, STRASBOURG • JUIN 2002 **12 POINTS**

SUJET

EXERCICE 1

ABCDEFGH est un parallélépipède à base carrée.
On donne :
AB = BC = 6 cm
BF = 4,5 cm

▶ **1.** Montrer que DG = 7,5 cm

▶ **2.** Calculer la mesure de l'angle $\widehat{CDG}$ arrondie au degré.

▶ **3.** Calculer, en cm^3, le volume de la pyramide ABCDG.

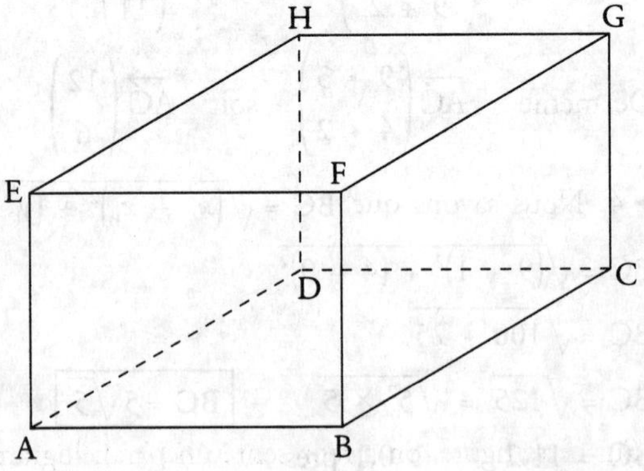

EXERCICE 2

Sur la figure ci-après, qui n'est pas en vraie grandeur, le point A est sur le segment [OB] et le point C est sur le segment [OD].

On donne :

OA = 8,5 cm   AB = 11,5 cm

OC = 5 cm   CD = 7 cm

▶ **1.** Calculer les longueurs OB et OD.

▶ **2.** Les droites (AC) et (BD) sont-elles parallèles ? Justifiez votre réponse.

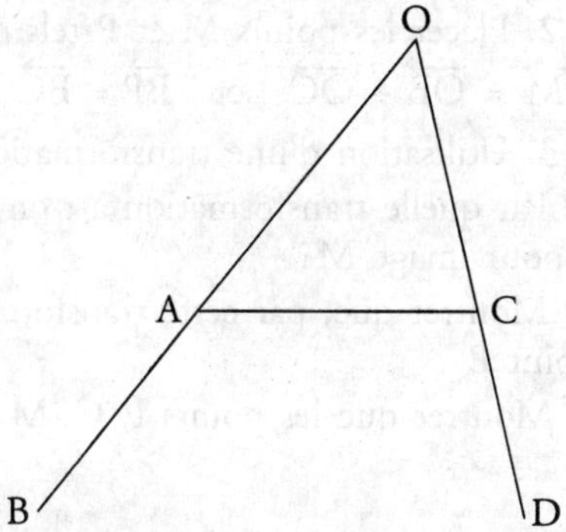

EXERCICE 3

Les constructions demandées dans cet exercice sont à réaliser sur la figure ci-dessous.

Laisser les traces de construction visibles.

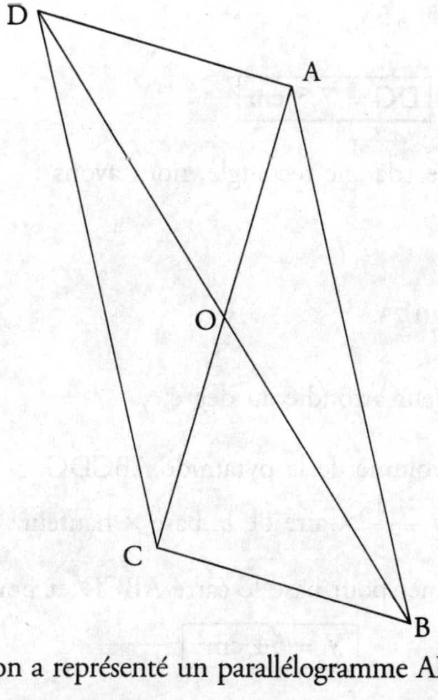

Sur cette figure, on a représenté un parallélogramme ABCD de centre O.

Les droites (BC) et (AC) sont perpendiculaires.

▶ **1.** Tracer le cercle qui contient les trois points O, B et C. Justifier la position de son centre I.

▶ **2.** Placer les points M et P tels que :
$\overrightarrow{OM} = \overrightarrow{OB} + \overrightarrow{OC}$ et $\overrightarrow{BP} = \overrightarrow{BC} + \overrightarrow{OD}$

▶ **3.** Utilisation d'une transformation.
a) Par quelle transformation a-t-on à la fois : O a pour image C et B a pour image M ?
b) Montrer que, par cette transformation, le point D a pour image le point P.
c) Montrer que les points P, C, M sont alignés.

CORRIGÉ

EXERCICE 1

▶ **1.** Appliquons le théorème de Pythagore au triangle DCG rectangle en C.
$DG^2 = DC^2 + CG^2$
$DG^2 = 6^2 + 4{,}5^2$
$DG^2 = 56{,}25$ $\boxed{DG = 7{,}5 \text{ cm}}$

▶ **2.** Dans ce même triangle rectangle, nous avons :

$$\tan \widehat{CDG} = \frac{CG}{CD}$$

$$\tan \widehat{CDG} = \frac{4{,}5}{6} = 0{,}75$$

$\boxed{\widehat{CDG} = 37°}$ valeur arrondie au degré

▶ **3.** Notons V le volume de la pyramide ABCDG.
Nous savons que $V = \frac{1}{3} \times$ aire de la base $\times$ hauteur.
Cette pyramide admet pour base le carré ABCD et pour hauteur CG.
$V = \frac{1}{3} \times 6^2 \times 4{,}5$ $\boxed{V = 54 \text{ cm}^3}$

EXERCICE 2

▶ **1.** Les points O, A, B d'une part et O, C, D d'autre part étant alignés, nous pouvons écrire :

• OB = OA + AB = 8,5 + 11,5 soit **OB = 20 cm**

• OD = OC + CD = 5 + 7 soit **OD = 12 cm**

▶ **2.** Calculons :

$\frac{OA}{OB} = \frac{8,5}{20}$ $\frac{OC}{OD} = \frac{5}{12}$

La calculatrice permet d'affirmer que $\frac{8,5}{20} \neq \frac{5}{12}$, donc que $\frac{OA}{OB} \neq \frac{OC}{OD}$.

Les points O, A, B sont alignés dans le même ordre que les points O, C, D.
Si les droites (AC) et (BD) étaient parallèles, le théorème de Thalès nous permettrait d'écrire que $\frac{OA}{OB} = \frac{OC}{OD}$. Mais puisque $\frac{OA}{OB} \neq \frac{OC}{OD}$, les droites (AC) et (BD) ne sont pas parallèles.

EXERCICE 3

▶ **1.** Le triangle OBC est rectangle en C. Il est inscrit dans le cercle de centre I milieu de son hypoténuse [OB] et de rayon [IB].

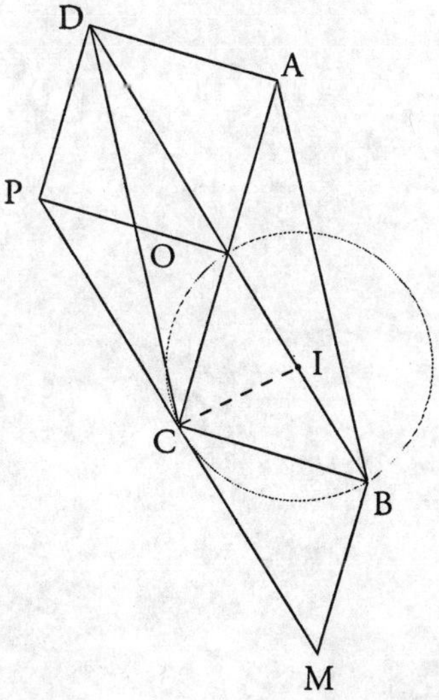

▶ 2. Puisque $\overrightarrow{OM} = \overrightarrow{OB} + \overrightarrow{OC}$, alors le quadrilatère OBMC est un parallélogramme.
Le quadrilatère ABCD est un parallélogramme de centre O, donc O est milieu de [BD] et $\overrightarrow{OD} = \overrightarrow{BO}$.
Puisque $\overrightarrow{BP} = \overrightarrow{BC} + \overrightarrow{OD}$, alors $\overrightarrow{BP} = \overrightarrow{BC} + \overrightarrow{BO}$ et le quadrilatère BOPC est un parallélogramme.

▶ 3. *a)* Puisque le quadrilatère OBMC est un parallélogramme, alors $\overrightarrow{OC} = \overrightarrow{BM}$. Les points C et M sont les images respectives des points O et B par la translation de vecteur $\overrightarrow{OC}$.
b) Puisque le quadrilatère BOPC est un parallélogramme, alors $\overrightarrow{BO} = \overrightarrow{CP}$.
Or $\overrightarrow{BO} = \overrightarrow{OD}$, donc $\overrightarrow{CP} = \overrightarrow{OD}$ et ODPC est un parallélogramme.
Nous en déduisons que $\overrightarrow{DP} = \overrightarrow{OC}$ et nous pouvons affirmer que le point P est l'image du point D par la translation de vecteur $\overrightarrow{OC}$.
c) Le quadrilatère OBMC est un parallélogramme, donc $\overrightarrow{OB} = \overrightarrow{CM}$.
Le quadrilatère BOPC est un parallélogramme, donc $\overrightarrow{OB} = \overrightarrow{PC}$.
Nous en déduisons que $\overrightarrow{CM} = \overrightarrow{PC}$, donc C est le milieu de [PM] et les points P, M et C sont alignés.

50 NANTES, BORDEAUX, CAEN, CLERMONT-FERRAND, LIMOGES, ORLÉANS-TOURS, POITIERS, RENNES • JUIN 2002 **12 POINTS**

SUJET

EXERCICE 1

Pour traiter cet exercice, utiliser du papier millimétré.
Le plan est muni d'un repère orthonormal (O, I, J). L'unité de longueur est le centimètre.

▶ **1.** *a)* Placer les points : A(3 : – 5) et B(– 2 ; 5).

b) Donner les coordonnées du vecteur $\overrightarrow{AB}$. (Aucune justification n'est demandée.)

c) Calculer la valeur exacte de la longueur AB.

▶ **2.** *a)* Placer le point C(– 2 ; – 4) et le point D, image du point C par la translation de vecteur $\overrightarrow{AB}$.

b) Quelles sont les coordonnées du point D ? (Aucune justification n'est demandée.)

c) Quelle est la nature du quadrilatère ABDC et quelles sont les coordonnées du point M, intersection des droites (AD) et (BC) ? (Justifier ces deux réponses.)

EXERCICE 2

Dans une boîte cubique dont l'arête mesure 7 cm, on place une boule de 7 cm de diamètre (voir le schéma).

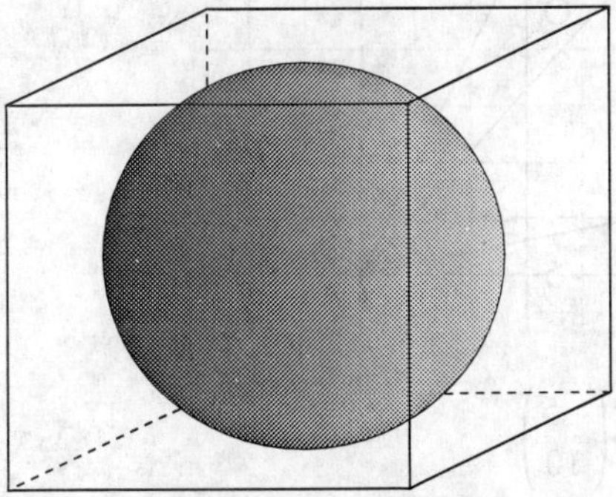

Le volume de la boule correspond à un certain pourcentage du volume de la boîte. On appelle ce pourcentage « taux de remplissage de la boîte ».
Calculer le taux de remplissage de la boîte.
Arrondir ce pourcentage à l'entier le plus proche.

SUJET

EXERCICE 3

[AC] et [EF] sont deux segments sécants en B.

On connaît :

AB = 6 cm et BC = 10 cm

EB = 4,8 cm et BF = 8 cm

▶ 1. Faire un dessin en vraie grandeur.

▶ 2. Les droites (AE) et (FC) sont-elles parallèles ? Justifier.

▶ 3. Les droites (AF) et (EC) sont-elles parallèles ? Justifier.

CORRIGÉ

EXERCICE 1

▶ 1. *a)* Voir schéma.

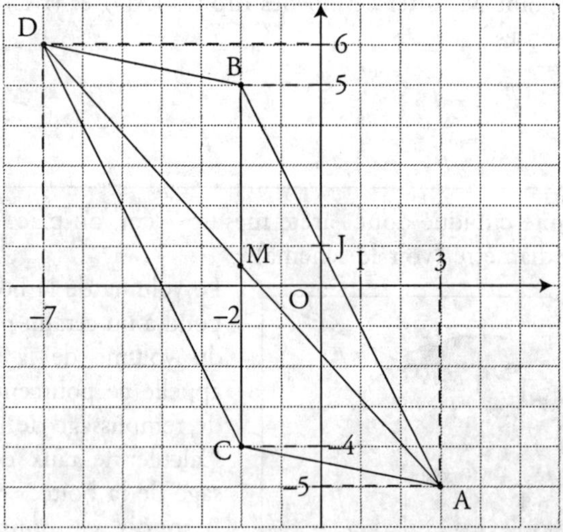

b) Nous lisons sur le schéma $\overrightarrow{AB}\begin{pmatrix}-5\\10\end{pmatrix}$.

c) Nous savons que $AB = \sqrt{(x_B - x_A)^2 + (y_B - y_A)^2}$.

$$AB = \sqrt{(-2-3)^2 + (5+5)^2}$$

$$AB = \sqrt{125} = \sqrt{5^2 \times 5} \qquad \boxed{AB = 5\sqrt{5}}$$

▶ **2.** *a)* Voir schéma.
Puisque le point D est l'image du point C par la translation de vecteur $\overrightarrow{AB}$, alors $\overrightarrow{CD} = \overrightarrow{AB}$.
b) Nous lisons D(– 7 ; 6).

c) Puisque $\overrightarrow{CD} = \overrightarrow{AB}$, alors le quadrilatère ABDC est un parallélogramme. Dans un parallélogramme, les diagonales se coupent en leur milieu et M est le milieu de [BC].
Nous savons que :

$$x_M = \frac{x_B + x_C}{2} \quad \text{et} \quad y_M = \frac{y_B + y_C}{2}$$

Alors $x_M = \dfrac{-2-2}{2} = -2$

et $y_M = \dfrac{5-4}{2} = \dfrac{1}{2}$

$$\boxed{M\left(-2 ; \frac{1}{2}\right)}$$

EXERCICE 2

Notons V_1 et V_2 les volumes respectifs de la boîte cubique et de la boule.
$V_1 = 7^3 = 243 \text{ cm}^3$

$$V_2 = \frac{4}{3} \times \pi \times (\text{rayon})^3$$

$$V_2 = \frac{4}{3} \times \pi \times \left(\frac{7}{2}\right)^3 \text{ cm}^3$$

CORRIGÉ

Soit p le pourcentage recherché :

$$p = \frac{V_2}{V_1} \times 100 \qquad p = \frac{\frac{4}{3} \times \pi \times \frac{7^3}{2^3}}{7^3} \times 100$$

$$p = \frac{\frac{4}{3} \times \pi}{8} \times 100 = \frac{50\pi}{3}$$

p = 52 % est une valeur arrondie à l'entier le plus proche.

EXERCICE 3

▶ **1.** Voir schéma.

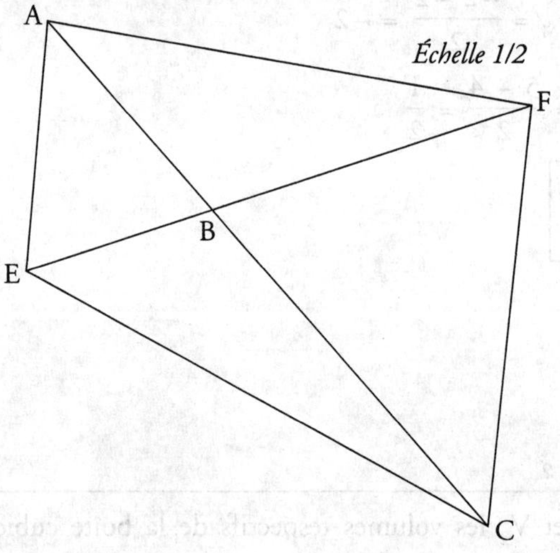

▶ **2.** Calculons :

$$\frac{BA}{BC} = \frac{6}{10} = 0{,}6 \qquad \frac{BE}{BF} = \frac{4{,}8}{8} = 0{,}6$$

Les points A, B, C de la droite (AC) sont alignés dans le même ordre que les points E, B, F de la droite (EF). De plus, nous avons $\frac{BA}{BC} = \frac{BE}{BF}$.

D'après la réciproque du théorème de Thalès, les droites (AE) et (FC) sont parallèles.

▶ 3. Calculons :

$\frac{BA}{BC} = \frac{6}{10}$ $\frac{BF}{BE} = \frac{8}{4,8}$

La calculatrice permet d'affirmer que $\frac{6}{10} \neq \frac{8}{4,8}$; donc $\frac{BA}{BC} \neq \frac{BF}{BE}$.

Les points A, B, C de la droite (AC) sont alignés dans le même ordre que les points F, B, E de la droite (FE). Si les droites (AF) et (EC) étaient parallèles, le théorème de Thalès nous permettrait d'écrire que $\frac{BA}{BC} = \frac{BF}{BE}$.

Mais puisque $\frac{BA}{BC} \neq \frac{BF}{BE}$, les droites (AF) et (EC) ne sont pas parallèles.

51 NANTES, BORDEAUX, CAEN, CLERMONT-FERRAND, LIMOGES, ORLÉANS-TOURS, POITIERS, RENNES • JUIN 2002 — **12 POINTS**

SUJET

PROBLÈME

Construire un triangle MNP tel que :
PN = 13 cm PM = 5 cm MN = 12 cm

✪ Première partie

▶ 1. Prouver que ce triangle MNP est rectangle en M.

▶ 2. Calculer son périmètre et son aire.

▶ 3. Tracer le cercle circonscrit au triangle MNP ; préciser la position de son centre O et la mesure de son rayon.

▶ 4. Calculer la tangente de l'angle $\widehat{PNM}$; en déduire une mesure approchée de cet angle à 1° près.

✪ Deuxième partie

A est un point quelconque du côté [PM].
On pose : AM = x (x est donc un nombre compris entre 0 et 5).
La parallèle à (PN) passant par A coupe le segment [MN] en B.

▶ **1.** En précisant la propriété utilisée, exprimer MB et AB en fonction de x.

▶ **2.** Exprimer, en fonction de x, le périmètre du triangle AMB.

▶ **3.** Résoudre l'équation : $x + \frac{12x}{5} + \frac{13x}{5} = 18$.

▶ **4.** *a)* Faire une nouvelle figure en plaçant le point A de façon que le périmètre du triangle AMB soit 18 cm.
b) Quelle est alors l'aire du triangle AMB ?

CORRIGÉ

PROBLÈME

Construction du triangle MNP.
- Traçons un segment [PN] de longueur 13 cm.
- Traçons un arc de cercle de centre N et de rayon 12 cm.
- Traçons un arc de cercle de centre P et de rayon 5 cm.

L'une des intersections de ces deux arcs de cercle est le point M.

Échelle 1/2

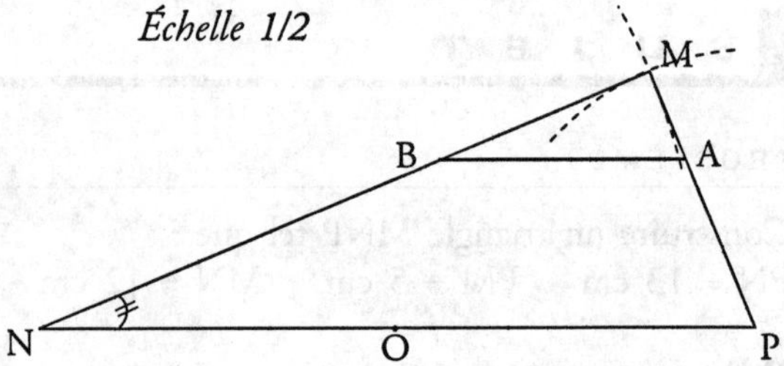

✪ Première partie

▶ **1.** Calculons :
$MN^2 = 12^2 = 144$
$MP^2 = 5^2 = 25$
$PN^2 = 13^2 = 169$
Nous remarquons que : $144 + 25 = 169$.

Donc $MN^2 + MP^2 = PN^2$.
D'après la réciproque du théorème de Pythagore, **le triangle MNP est rectangle en M.**

▶ **2.** Notons $\mathcal{P}$ le périmètre du triangle MNP et $\mathcal{A}$ son aire.
• $\mathcal{P} = PN + PM + MN$

$\mathcal{P} = 13 + 5 + 12$ $\boxed{\mathcal{P} = 30 \text{ cm}}$

• $\mathcal{A} = \dfrac{PM \times MN}{2}$

$\mathcal{A} = \dfrac{5 \times 12}{2}$ $\boxed{\mathcal{A} = 30 \text{ cm}^2}$

▶ **3.** Nous savons que le cercle circonscrit à un triangle rectangle a pour diamètre son hypoténuse.
Le triangle MNP est inscrit dans le cercle de diamètre [NP].
Le centre de ce cercle est donc le point O milieu de [NP].
Un rayon de ce cercle est [ON] et ON = 6,5 cm.

▶ **4.** Dans le triangle MNP rectangle en M :

$\tan \widehat{PNM} = \dfrac{PM}{MN} = \dfrac{5}{12}$

$\boxed{\widehat{PNM} = 23°}$ valeur approchée à un degré près

✪ Deuxième partie

▶ **1.** Les points M, B, N de la droite (MN) sont alignés dans le même ordre que les points M, A, P de la droite (MP). De plus, les droites (AB) et (PN) sont parallèles. Le théorème de Thalès permet d'écrire :

$\dfrac{MB}{MN} = \dfrac{MA}{MP} = \dfrac{AB}{PN}$

• De $\dfrac{MB}{MN} = \dfrac{MA}{MP}$, nous sortons $\dfrac{MB}{12} = \dfrac{x}{5}$

soit $5MB = 12x$ ou encore $MB = \dfrac{12x}{5}$

• De $\dfrac{MA}{MP} = \dfrac{AB}{PN}$, nous sortons $\dfrac{x}{5} = \dfrac{AB}{13}$

soit $5AB = 13x$ ou encore $AB = \dfrac{13x}{5}$

▶ 2. Notons $\mathcal{P}(x)$ le périmètre du triangle AMB.

$\mathcal{P}(x) = \text{MB} + \text{AB} + \text{MA}$

$$\mathcal{P}(x) = \frac{12x}{5} + \frac{13x}{5} + x$$

$$\mathcal{P}(x) = \frac{12x}{5} + \frac{13x}{5} + \frac{5x}{5}$$

$$\boxed{\mathcal{P}(x) = 6x}$$

▶ 3. Résolvons l'équation $x + \frac{12x}{5} + \frac{13x}{5} = 18.$

Il vient : $6x = 18$

$$\boxed{x = 3}$$

▶ 4. *a)* Nous venons de démontrer que le périmètre du triangle AMB mesure 18 cm lorsque AM = 3 cm.

Échelle 1/2

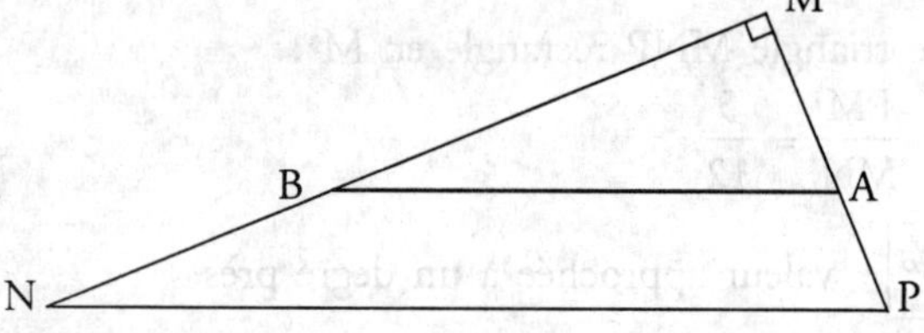

b) Notons $\mathcal{A}(x)$ l'aire du triangle AMB.

$$\mathcal{A}(x) = \frac{\text{MA} \times \text{MB}}{2}$$

$$\mathcal{A}(x) = \frac{x \times \frac{12x}{5}}{2}$$

$\mathcal{A}(x) = 1{,}2x^2$

$\mathcal{A}(3) = 1{,}2 \times 3^2$

$$\boxed{\mathcal{A}(3) = 10{,}8 \text{ cm}^2}$$

SUJET

EXERCICE 1

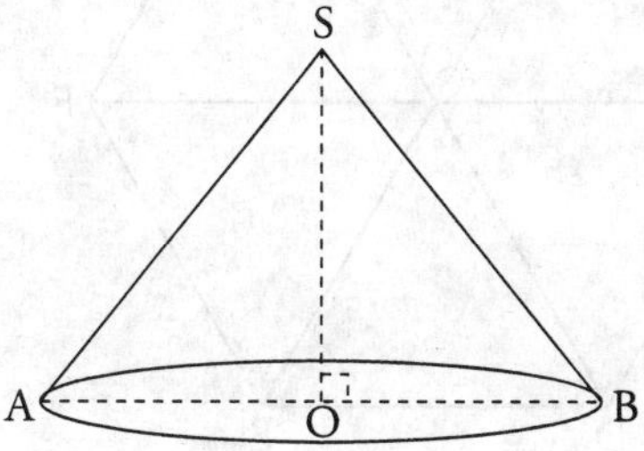

Un cône de révolution a pour sommet le point S. Sa base est un disque de centre O et de rayon 4 cm.
Sa hauteur [SO] est telle que :
SO = 2,8 cm

▶ **1.** Déterminer l'arrondi au degré de l'angle $\widehat{OSB}$.

▶ **2.** Déterminer le volume de ce cône et donner son arrondi au cm^3.

EXERCICE 2

On considère la figure ci-contre.

Cette figure n'est pas en vraie grandeur et n'est pas à reproduire. Elle est fournie pour préciser la position des points.
L'unité est le centimètre.

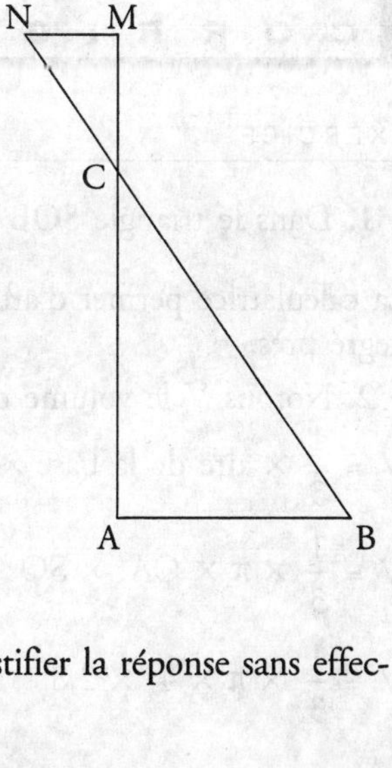

▶ **1.** Le triangle ABC est rectangle en A.
AB = 5   BC = 13
Démontrer que : AC = 12.

▶ **2.** Les points A, C, M sont alignés.
Les points B, C, N sont alignés.
CM = 2,4   CN = 2,6
Démontrer que les droites (AB) et (MN) sont parallèles.

▶ **3.** Calculer la longueur MN.

▶ **4.** Préciser la nature du triangle CMN ; justifier la réponse sans effectuer de calcul.

EXERCICE 3

On considère l'hexagone régulier ABCDEF ci-dessous de centre O (l'hexagone n'est pas à reproduire).

On demande de déterminer l'image du triangle BCO par :

▶ **1.** La translation de vecteur $\overrightarrow{AF}$.

▶ **2.** La symétrie d'axe (BE).

▶ **3.** La rotation de centre O et d'angle 60° dans le sens contraire des aiguilles d'une montre.

Pour répondre, on complètera les trois phrases ci-après :

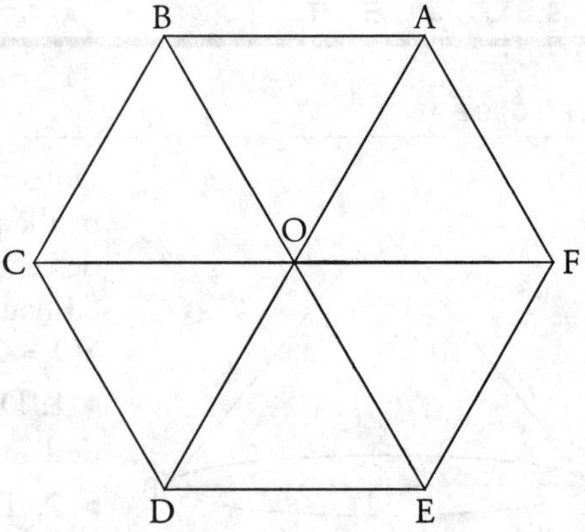

① L'image du triangle BCO par la translation de vecteur $\overrightarrow{AF}$ est …

② L'image du triangle BCO par la symétrie d'axe (BE) est …

③ L'image du triangle BCO par la rotation de centre O et d'angle 60° dans le sens contraire des aiguilles d'une montre est …

CORRIGÉ

EXERCICE 1

▶ **1.** Dans le triangle SOB rectangle en O, $\tan \widehat{OSB} = \dfrac{OB}{OS} = \dfrac{4}{2{,}8}$.

La calculatrice permet d'affirmer que $\widehat{OSB} = 55°$, mesure arrondie au degré près.

▶ **2.** Notons V le volume du cône. Nous savons que :

$$V = \frac{1}{3} \times \text{aire de la base} \times \text{hauteur}$$

$$V = \frac{1}{3} \times \pi \times OA^2 \times SO$$

$$V = \frac{1}{3} \times \pi \times 4^2 \times 2{,}8$$

$$V = \frac{44,8}{3}\pi$$

$\boxed{V = 47\ cm^3}$ est une valeur arrondie au cm^3 du volume du cône.

EXERCICE 2

▶ **1.** Appliquons le théorème de Pythagore au triangle BAC rectangle en A.

$AC^2 + AB^2 = BC^2$
$AC^2 = BC^2 - AB^2$
$AC^2 = 13^2 - 5^2$
$AC^2 = 144$
$\boxed{AC = 12}$

▶ **2.** Calculons :

$$\frac{CM}{CA} = \frac{2,4}{12} = 0,2$$

$$\frac{CN}{CB} = \frac{2,6}{13} = 0,2$$

Les points A, C, M sont alignés dans le même ordre que les points B, C, N. De plus, nous venons de démontrer que $\frac{CM}{CA} = \frac{CN}{CB}$. D'après la réciproque du théorème de Thalès, **les droites (AB) et (MN) sont parallèles.**

▶ **3.** Puisque les points A, C, M sont alignés dans le même ordre que les points B, C, N et que les droites (AB) et (MN) sont parallèles, le théorème de Thalès nous permet d'écrire :

$$\frac{CM}{CA} = \frac{MN}{AB}$$

$$\frac{2,4}{12} = \frac{MN}{5}$$

$12MN = 2,4 \times 5$

$$MN = \frac{2,4 \times 5}{12}$$

$\boxed{MN = 1\ cm}$

▶ **4.** Les droites (MN) et (AB) sont parallèles d'après la question **2.** Par hypothèse, la droite (AM) est perpendiculaire à la droite (AB) puisque le triangle ABC est rectangle en A. Donc la droite (AM) est perpendiculaire à la droite (MN) et **le triangle CMN est rectangle en M.**

EXERCICE 3

▶ **1.** L'image du triangle BCO par la translation de vecteur $\overrightarrow{AF}$ est le triangle ODE.

▶ **2.** L'image du triangle BCO par la symétrie d'axe (BE) est le triangle BAO.

▶ **3.** L'image du triangle BCO par la rotation de centre O et d'angle 60° dans le sens contraire de la marche des aiguilles d'une montre est le triangle CDO.

53 GRENOBLE — SEPTEMBRE 2002 — 12 POINTS

SUJET

EXERCICE 1

Le plan est muni d'un repère orthonormé (O, I, J). L'unité de longueur est le centimètre.

▶ **1.** Placer les points :
A(1 ; 2)   B(3 ; 0)   C(–1 ; –2)

▶ **2.** On note D le milieu du segment [AB].
Calculer les coordonnées du point D.

▶ 3. *a)* Placer le point D sur la figure. Construire le point E symétrique du point C par rapport au point D.
b) Montrer que AEBC est un parallélogramme.
c) Calculer les coordonnées du point E.

▶ 4. Calculer AE et EB.

▶ 5. En déduire que AEBC est un losange.

EXERCICE 2

▶ 1. On considère un triangle ABC tel que :
AB = 4,5   AC = 7,5   et   BC = 6
Montrer que le triangle ABC est rectangle.

▶ 2. Tracer le triangle ABC.
Placer le point E tel que les points A, C et E soient alignés dans cet ordre et que CE = 4.
Placer le point F tel que $\overrightarrow{BA} = \overrightarrow{EF}$.
On note G le point d'intersection des droites (BC) et (EF). Placer le point G.

▶ 3. *a)* Donner la longueur EF. Justifier le résultat.
b) Calculer la longueur EG.
c) En déduire la longueur GF.

▶ 4. On note O le milieu du segment [CF].
Les droites (OG) et (CE) sont-elles parallèles ?

CORRIGÉ

EXERCICE 1

▶ 1. Voir schéma.

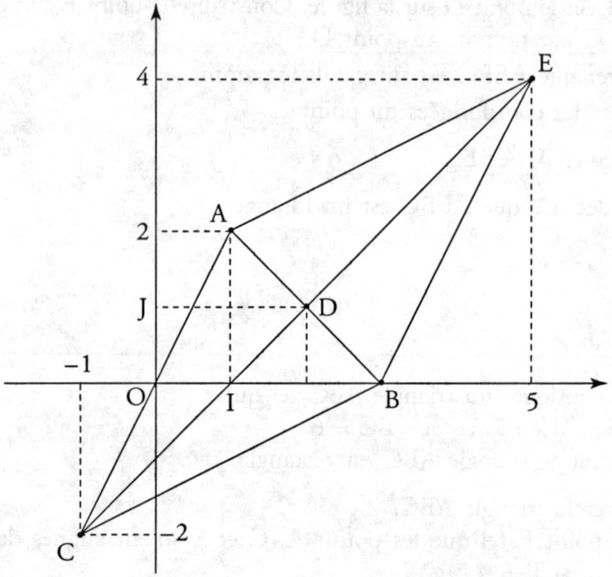

▶ **2.** Puisque le point D est le milieu du segment [AB], alors :

$x_D = \dfrac{x_A + x_B}{2}$ et $y_D = \dfrac{y_A + y_B}{2}$

$x_D = \dfrac{1 + 3}{2}$ et $y_D = \dfrac{2 + 0}{2}$ **D(2 ; 1)**

▶ **3.** *a)* Voir figure.
Puisque E est le symétrique de C par rapport à D, alors D est le milieu du segment [EC].
b) Nous savons que le point D est le milieu des segments [AB] et [EC]. Le quadrilatère AEBC possède des diagonales qui se coupent en leur milieu.
AEBC est un parallélogramme.
c) Puisque le point D est le milieu du segment [EC], alors :

$x_D = \dfrac{x_E + x_C}{2}$ et $y_D = \dfrac{y_E + y_C}{2}$

$2 = \dfrac{x_E - 1}{2}$ et $1 = \dfrac{y_E - 2}{2}$

soit $x_E - 1 = 4$ ou encore $x_E = 5$ **E(5 ; 4)**
$y_E - 2 = 2$ ou encore $y_E = 4$

▶ **4.** Nous savons que $AE = \sqrt{(x_E - x_A)^2 + (y_E - y_A)^2}$.

$AE = \sqrt{(5-1)^2 + (4-2)^2}$ ou encore $AE = \sqrt{20}$

$EB = \sqrt{(3-5)^2 + (0-4)^2}$ ou encore $EB = \sqrt{20}$

Conclusion : AE = EB.

▶ **5.** Le parallélogramme AEBC possède deux côtés consécutifs de même mesure.

AEBC est un losange.

EXERCICE 2

▶ **1.** Calculons :

$AB^2 = (4{,}5)^2 = 20{,}25$

$AC^2 = (7{,}5)^2 = 56{,}25$

$BC^2 = (6)^2 = 36$

Il est évident que : 56,25 = 20,25 + 36.

Donc $AC^2 = AB^2 + BC^2$.

D'après la réciproque du théorème de Pythagore, **le triangle ABC est rectangle en B.**

▶ **2.** Voir figure.

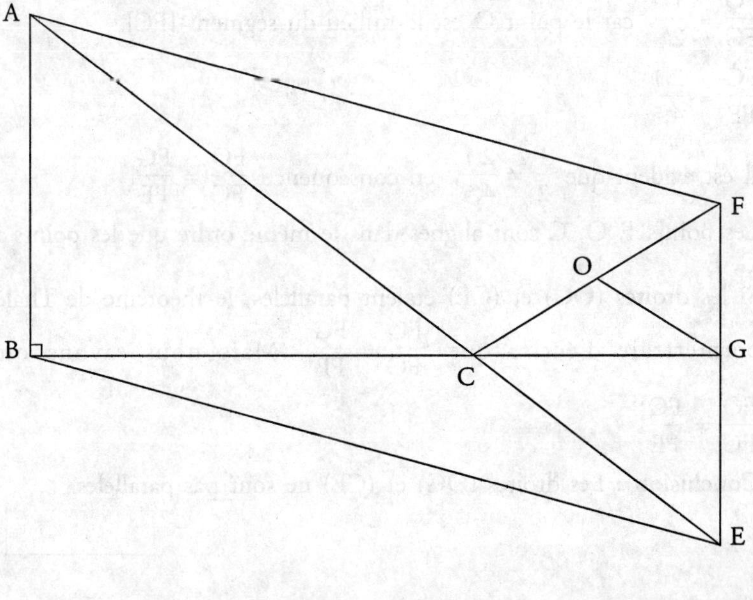

CORRIGÉ

▶ **3.** *a)* Puisque $\overrightarrow{BA} = \overrightarrow{EF}$, alors BA = EF.

EF = 4,5

b) Puisque $\overrightarrow{BA} = \overrightarrow{EF}$, alors le quadrilatère BAFE est un parallélogramme. Les points B, C, G de la droite (BG) sont alignés dans le même ordre que les points A, C, E de la droite (AE). De plus, les droites (BA) et (EG) sont parallèles puisque le quadrilatère BAFE est un parallélogramme et que G est situé sur la droite (EF).
Le théorème de Thalès permet d'affirmer que :

$\frac{EG}{BA} = \frac{EC}{AC}$ $\quad \frac{EG}{4,5} = \frac{4}{7,5}$

$7,5 \times EG = 4 \times 4,5$

$EG = \frac{4 \times 4,5}{7,5}$

EG = 2,4

c) Les points E, G et F sont alignés dans cet ordre, donc :
GF = EF – EG
GF = 4,5 – 2,4

GF = 2,1

▶ **4.** Calculons :

$\frac{FO}{FC} = \frac{1}{2}$ car le point O est le milieu du segment [FC].

$\frac{FG}{FE} = \frac{2,1}{4,5}$

Il est évident que $\frac{1}{2} \neq \frac{2,1}{4,5}$, en conséquence $\frac{FO}{FC} \neq \frac{FG}{FE}$.

Les points F, O, C sont alignés dans le même ordre que les points F, G, E.
Si les droites (OG) et (CE) étaient parallèles, le théorème de Thalès permettrait d'écrire que $\frac{FO}{FC} = \frac{FG}{FE}$. Mais nous savons que $\frac{FO}{FC} \neq \frac{FG}{FE}$.

Conclusion : Les droites (OG) et (CE) ne sont pas parallèles.

54 GUADELOUPE, GUYANE, MARTINIQUE — SEPTEMBRE 2002 — **12 POINTS**

SUJET

EXERCICE 1

▶ **1.** Construire un triangle RAS tel que :
RA = 8 cm RS = 6,4 cm et AS = 4,8 cm

▶ **2.** Prouver que le triangle RAS est rectangle.

▶ **3.** *a)* Placer le point M du segment [RS] tel que RM = 4,8 cm et le point N du segment [RA] tel que RN = 6 cm.

b) Prouver que les droites (MN) et (AS) sont parallèles.

c) Calculer MN.

EXERCICE 2

Le quadrilatère EURO est un losange de centre I.
L'angle $\widehat{IEU}$ vaut 25° et la diagonale [ER] mesure 10 cm.

▶ **1.** Prouver que le triangle EIU est rectangle en I.

▶ **2.** Calculer la valeur arrondie au centième de cm de la longueur IU.

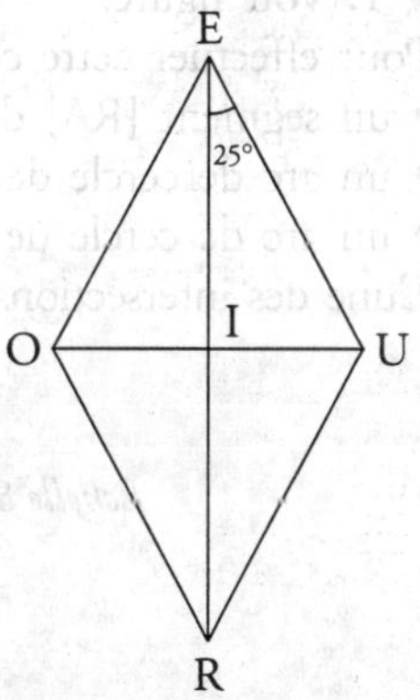

EXERCICE 3

La maquette de maison représentée ci-contre est composée d'un pavé droit de dimensions :
AB = 30 cm, AE = 20 cm et AD = 5 cm.
Ce pavé est surmonté d'une pyramide de hauteur 6 cm.

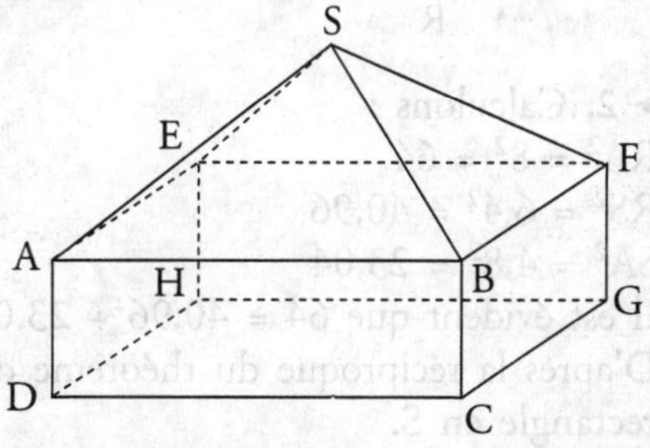

▶ **1.** Calculer le volume V_1 de cette maquette.

▶ **2.** Sachant que cette maquette est une réduction de coefficient 1/50 de la maison réelle, déduire de la première question le volume V_2 en m^3 de la maison.
Rappel : Le volume d'une pyramide est :
$\frac{1}{3} \times$ aire de la base $\times$ hauteur

CORRIGÉ

EXERCICE 1

▶ **1.** Voir figure.
Pour effectuer cette construction, il suffit de tracer :
- un segment [RA] de longueur 8 cm;
- un arc de cercle de centre R et de rayon 6,4 cm;
- un arc de cercle de centre A et de rayon 4,8 cm.

L'une des intersections de ces deux arcs de cercle est le point S cherché

Échelle 83/100

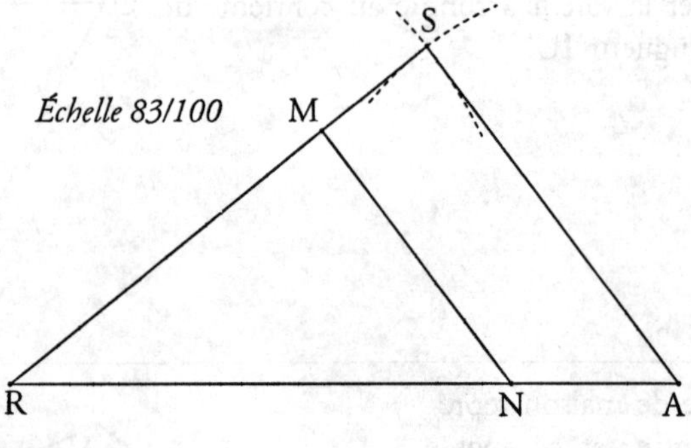

▶ **2.** Calculons :
$RA^2 = 8^2 = 64$
$RS^2 = 6,4^2 = 40,96$
$SA^2 = 4,8^2 = 23,04$
Il est évident que $64 = 40,96 + 23,04$, donc $RA^2 = RS^2 + SA^2$.
D'après la réciproque du théorème de Pythagore, **le triangle RAS est rectangle en S.**

▶ **3.** *a)* Voir figure.

b) Calculons :

$$\frac{RM}{RS} = \frac{4,8}{6,4} = 0,75$$

$$\frac{RN}{RA} = \frac{6}{8} = 0,75$$

En conclusion : $\frac{RM}{RS} = \frac{RN}{RA}$

Les points R, M, S sont alignés dans le même ordre que les points R, N, A.

De plus $\frac{RM}{RS} = \frac{RN}{RA}$

D'après la réciproque du théorème de Thalès, **les droites (MN) et (AS) sont parallèles.**

c) Nous savons que :

• les points R, M, S sont alignés dans le même ordre que les points R, N, A ;

• les droites (MN) et (AS) sont parallèles.

Le théorème de Thalès permet d'écrire :

$$\frac{RN}{RA} = \frac{MN}{AS}$$

$$\frac{6}{8} = \frac{MN}{4,8}$$

$$8 \times MN = 6 \times 4,8$$

$$MN = \frac{6 \times 4,8}{8}$$

$$\boxed{MN = 3,6 \text{ cm}}$$

EXERCICE 2

▶ **1.** Nous savons que dans un losange les diagonales se coupent perpendiculairement en leur milieu. **Le triangle EIU est rectangle en I.**

De plus $EI = \frac{1}{2}ER = 5$ cm

▶ **2.** Dans ce triangle EIU rectangle en I :

$\tan \widehat{IEU} = \frac{IU}{EI}$

$IU = EI \times \tan \widehat{IEU}$

$IU = 5 \times \tan 25°$

$IU = 2{,}33$ cm est une valeur approchée au centième.

EXERCICE 3

▶ **1.** La maquette est composée de deux solides :

• un pavé droit de volume $\mathcal{V}$;

• une pyramide de volume $\mathcal{V}'$.

Nous avons $V_1 = \mathcal{V} + \mathcal{V}'$.

• $\mathcal{V} = AB \times AE \times AD$

$\mathcal{V} = 30 \times 20 \times 5$

$\mathcal{V} = 3\,000 \text{ cm}^3$

• $\mathcal{V}' = \frac{1}{3} \times (AB \times AE) \times \text{hauteur}$

$\mathcal{V}' = \frac{1}{3} \times (30 \times 20) \times 6$

$\mathcal{V}' = 1\,200 \text{ cm}^3$

$V_1 = 4\,200 \text{ cm}^3$

▶ **2.** Puisque la maquette est une réduction de coefficient $\frac{1}{50}$ de la maison réelle, alors :

$V_1 = \left(\frac{1}{50}\right)^3 \times V_2$

$V_2 = \frac{V_1}{\left(\frac{1}{50}\right)^3}$

$V_2 = 4\,200 \times (50)^3$

$V_2 = 525\,000\,000 \text{ cm}^3$

$V_2 = 525 \text{ m}^3$

SUJET

PROBLÈME

Le plan est muni d'un repère orthonormal (O, I, J). L'unité de longueur est le centimètre.

▶ **1.** Placer les points :
A(2 ; –2) B(6 ; 0) C(4 ; 4) et D(0 ; 2)

▶ **2.** Calculer les coordonnées des vecteurs $\overrightarrow{AB}$ et $\overrightarrow{DC}$.
Que peut-on dire de ces vecteurs ?

▶ **3.** Montrer par le calcul que AC = DB.

▶ **4.** Montrer par le calcul que AB = AD.

▶ **5.** Déduire des trois questions précédentes que le quadrilatère ABCD est un carré.
On justifiera la réponse.

▶ **6.** On considère les fonctions affines suivantes :

$f : x \mapsto 3x - 8$ et $g : x \mapsto -\frac{1}{3}x + 2$

a) Calculer $f(2)$; $f(4)$; $g(6)$; $g(0)$.
b) En déduire que la représentation graphique de f est la droite (AC) et que celle de g est la droite (BD).
c) Résoudre alors graphiquement le système suivant :

$$\begin{cases} y = 3x - 8 \\ y = -\frac{1}{3}x + 2 \end{cases}$$

CORRIGÉ

PROBLÈME

▶ **1.** Voir schéma.

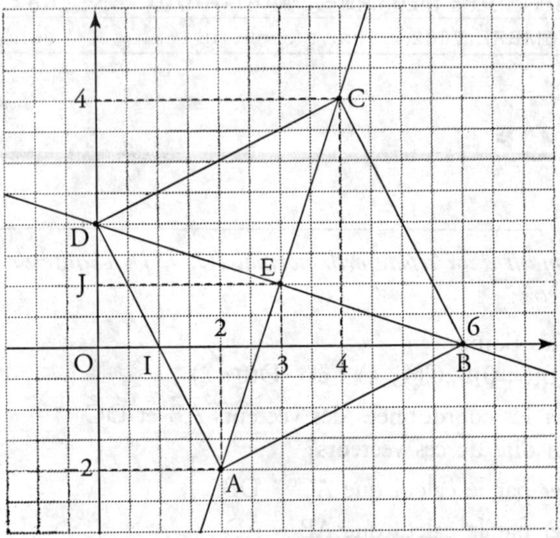

▶ **2.** Nous savons que $\overrightarrow{AB}\begin{pmatrix} x_B - x_A \\ y_B - y_A \end{pmatrix}$.

$\overrightarrow{AB}\begin{pmatrix} 6 - 2 \\ 0 + 2 \end{pmatrix}$ soit $\overrightarrow{AB}\begin{pmatrix} 4 \\ 2 \end{pmatrix}$

De même $\overrightarrow{DC}\begin{pmatrix} 4 - 0 \\ 4 - 2 \end{pmatrix}$ soit $\overrightarrow{DC}\begin{pmatrix} 4 \\ 2 \end{pmatrix}$

Conclusion : $\overrightarrow{AB} = \overrightarrow{DC}$

▶ **3.** Nous savons aussi que $AC = \sqrt{(x_C - x_A)^2 + (y_C - y_A)^2}$.

$AC = \sqrt{(4 - 2)^2 + (4 + 2)^2}$ soit $AC = \sqrt{40}$

De même $DB = \sqrt{(6 - 0)^2 + (0 - 2)^2}$ soit $DB = \sqrt{40}$

Conclusion : AC = DB

▶ **4.** De la même façon, nous avons :

$AB = \sqrt{(6 - 2)^2 + (0 + 2)^2}$ soit $AB = \sqrt{20}$

$AD = \sqrt{(0 - 2)^2 + (2 + 2)^2}$ soit $AD = \sqrt{20}$

Conclusion : AB = AD

▶ 5. Nous venons de démontrer que AC = DB. ABCD est un quadrilatère dont les diagonales ont même longueur. C'est donc un rectangle.
De plus, ce rectangle possède deux côtés consécutifs de même longueur puisque AB = AD.
ABCD est donc un carré.

▶ **6.** *a)* Nous savons que $f(x) = 3x - 8$ et que $g(x) = -\frac{1}{3}x + 2$. Alors :

$f(2) = -2 \qquad f(4) = 4 \qquad g(6) = 0 \qquad g(0) = 2$

b) Puisque nous savons que A(2 ; −2) et que C(4 ; 4), alors la représentation graphique de la fonction *f* est la droite (AC).
Puisque nous savons que B(6 ; 0) et que D(0 ; 2), alors la représentation graphique de la fonction *g* est la droite (BD).
c) Les droites (AC) et (BD) se coupent en E, centre du carré ABCD.
Les coordonnées du point E sont donc solution du système formé par les équations des deux droites, c'est-à-dire du système proposé dans cette question.
Sur le graphique, nous pouvons lire E(3 ; 1).
Conclusion : Le système admet pour solution $x = 3$ et $y = 1$.

56 PARIS — SEPTEMBRE 2002 — **12 POINTS**

SUJET

EXERCICE 1

L'unité de longueur est le centimètre.

Sur la figure ci-contre, qui n'est pas en vraie grandeur, les droites (BC) et (GF) sont parallèles.
On sait que :
AB = 3 CE = 2,4
AC = 4 BD = 1,8
BC = 4,5 AF = 3,6

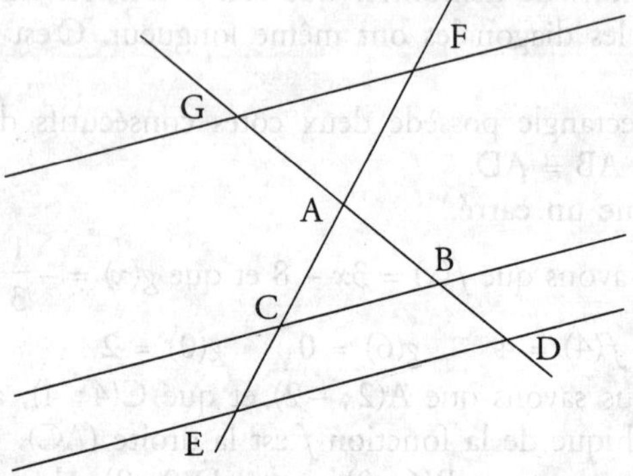

▶ **1.** Calculer la longueur GF.

▶ **2.** Les droites (BC) et (ED) sont-elles parallèles ? Justifier.

EXERCICE 2

Construire un triangle ABC tel que AB = 4,2 cm, AC = 5,6 cm et BC = 7 cm.

▶ **1.** Montrer que $\widehat{BAC}$ est un angle droit.

▶ **2.** À l'aide de sa tangente, calculer, au degré près, la mesure de $\widehat{ABC}$.

▶ **3.** Placer, sur le segment [AC], le point M tel que BM = 5,5 cm. Calculer, au mm près, la longueur du segment [AM].

EXERCICE 3

Une cloche à fromage en forme de demi-sphère de rayon 9 cm et une boîte cylindrique de même rayon ont le même volume.

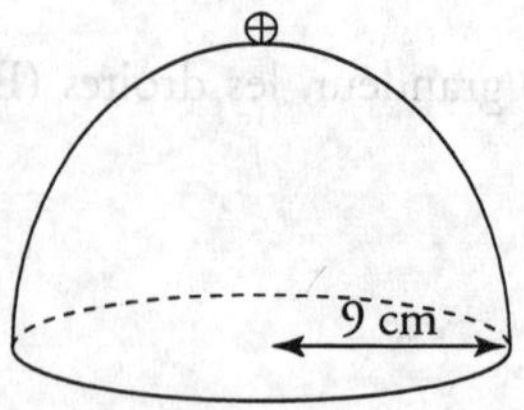

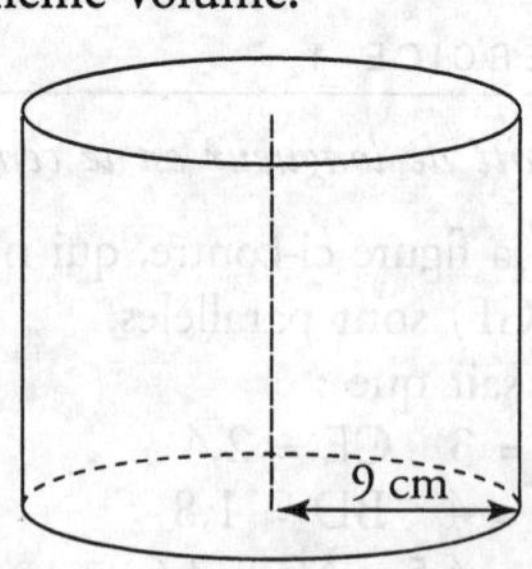

▶ **1.** Calculer le volume de la cloche.
On donnera la valeur exacte du résultat, puis sa valeur arrondie au cm^3 près.

▶ **2.** Calculer la hauteur de la boîte cylindrique.

Rappel :

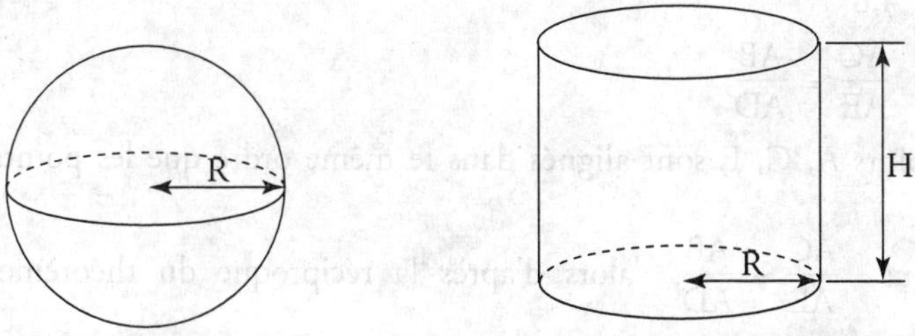

Volume de la sphère : $\frac{4}{3}\pi R^3$ Volume du cylindre : $\pi R^2 H$

CORRIGÉ

EXERCICE 1

▶ **1.** Les points B, A, G sont alignés dans le même ordre que les points C, A, F. De plus, les droites (BC) et (GF) sont parallèles. Nous pouvons appliquer le théorème de Thalès et écrire :

$$\frac{AF}{AC} = \frac{GF}{BC}$$

$$\frac{3{,}6}{4} = \frac{GF}{4{,}5}$$

$$4 \times GF = 3{,}6 \times 4{,}5$$

$$GF = \frac{3{,}6 \times 4{,}5}{4}$$

$$\boxed{GF = 4{,}05}$$

▶ **2.** Nous remarquons que :

$AE = AC + CE$ $AE = 4 + 2{,}4 = 6{,}4$

$AD = AB + BD$ $AD = 3 + 1{,}8 = 4{,}8$

Calculons :

$$\frac{AC}{AE} = \frac{4}{6,4} = 0,625$$

$$\frac{AB}{AD} = \frac{3}{4,8} = 0,625$$

donc $\frac{AC}{AE} = \frac{AB}{AD}$

Les points A, C, E sont alignés dans le même ordre que les points A, B, D.

De plus $\frac{AC}{AE} = \frac{AB}{AD}$, alors d'après la réciproque du théorème de Thalès nous pouvons affirmer que **les droites (BC) et (ED) sont parallèles.**

EXERCICE 2

Construction : voir la figure.

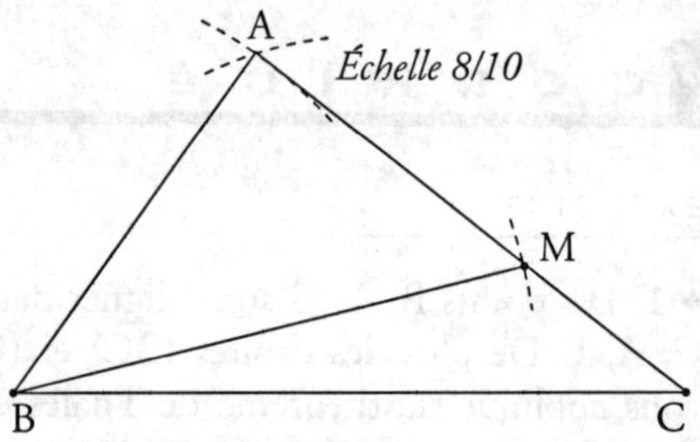

Pour effectuer cette construction, il suffit de tracer :
- un segment [BC] de longueur 7 cm ;
- un arc de cercle de centre B et de rayon 4,2 cm ;
- un arc de cercle de centre C et de rayon 5,6 cm.

L'une des intersections de ces deux arcs de cercle est le point A cherché.

▶ **1.** Calculons :

$BC^2 = 7^2 = 49$

$BA^2 = 4,2^2 = 17,64$

$CA^2 = 5,6^2 = 31,36$

Il est clair que 49 = 17,64 + 31,36.

Donc $BC^2 = BA^2 + CA^2$ et d'après la réciproque du théorème de Pythagore, le triangle ABC est rectangle en A.

L'angle $\widehat{BAC}$ est droit.

▶ **2.** Dans le triangle ABC rectangle en A :

$$\tan \widehat{ABC} = \frac{AC}{AB}$$

$\tan \widehat{ABC} = \frac{5,6}{4,2} = \frac{4}{3}$

| $\widehat{ABC} = 53°$ | est une mesure approchée au degré près.

▶ **3.** Appliquons le théorème de Pythagore au triangle ABM rectangle en A.

$BM^2 = AB^2 + AM^2$
$AM^2 = BM^2 - AB^2$
$AM^2 = 5,5^2 - 4,2^2$
$AM^2 = 12,61$

| AM = 3,6 cm | est une valeur approchée à 1 mm près par excès.

EXERCICE 3

▶ **1.** Notons V le volume de la cloche.

$$V = \frac{1}{2} \times \left(\frac{4}{3} \times \pi \times 9^3\right)$$

| $V = 486\pi \text{ cm}^3$ | est la valeur exacte du volume de la cloche.

| $V = 1\,527 \text{ cm}^3$ | est une valeur arrondie au cm^3 près de ce même volume.

▶ **2.** Nous savons que le cylindre a même volume que la cloche.
Nous pouvons écrire l'équation :

$$\pi \times 9^2 \times H = \frac{1}{2} \times \frac{4}{3} \times \pi \times 9^3$$

Simplifions. Il vient :

$$H = \frac{1}{2} \times \frac{4}{3} \times 9$$

| H = 6 cm |

57 POITIERS, RENNES — SEPTEMBRE 2002 — **12 POINTS**

SUJET

EXERCICE 1

Le dessin ci-après représente la coupe d'une maison.
Le triangle MAI est isocèle, de sommet principal M.
La droite perpendiculaire à la droite (AI), passant par M, coupe (AI) en S.
L'unité de longueur est le mètre.
On sait que : MS = 2,5 et AI = 11.

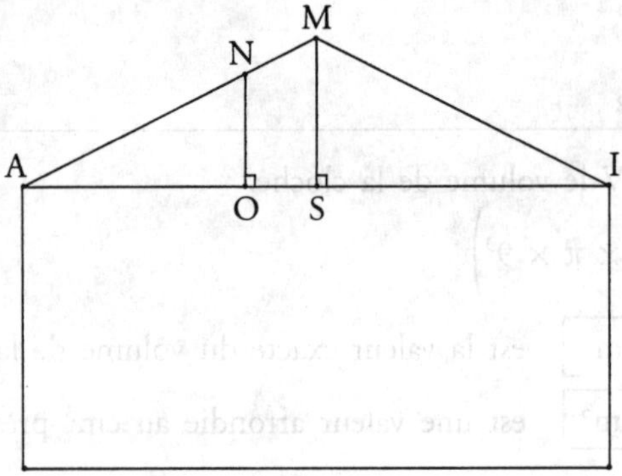

▶ **1.** *a)* Calculer AS. (Justifier.)

b) Calculer la valeur arrondie à 0,1 degré près de la mesure de l'angle $\widehat{AMS}$.

▶ **2.** Dans le toit, il y a une fuite en N qui fait une tache en O, sur le plafond.
La droite (NO) est perpendiculaire à la droite (AI). AO = 4,5.
Pour effectuer les calculs, on prendra : $\widehat{OAN} = 24°$.
Calculer AN. On donnera la valeur arrondie à 0,1 près.

EXERCICE 2

ABCDEFGH est un cube.

Les points J, K, M et N sont les milieux respectifs des segments [AE], [FB], [AD] et [BC].

JKNM est une section du cube par un plan parallèle à l'arête [AB].

▶ **1.** Donner, sans justifier, la nature de la section JKNM.

▶ **2.** Sur le schéma ci-après, la face FGCB a été dessinée en vraie grandeur.

a) Placer les points K et N sur cette face.

b) À côté, dessiner la section JKNM en vraie grandeur.

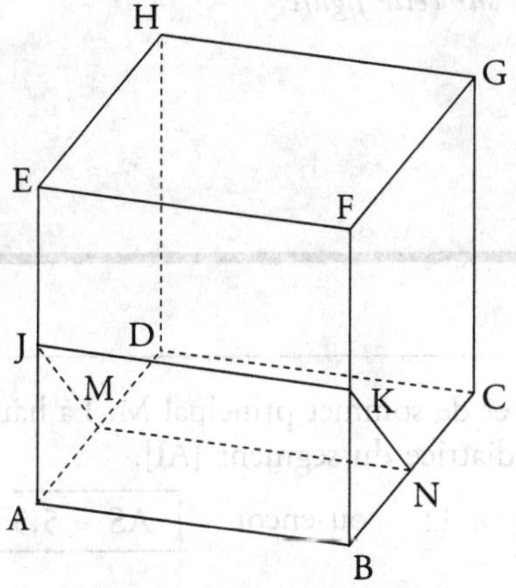

▶ **3.** Quelle est la nature du solide AJMBKN ? (Aucune justification n'est demandée.)

EXERCICE 3

Sur la figure ci-dessous, les droites (SF) et (TE) sont parallèles.

Les points R, S et T sont alignés dans cet ordre.

Les points R, F, E et G sont alignés dans cet ordre.

SR = 2 cm   et   ST = 4 cm

RF = 1,5 cm   et   EG = 9 cm

▶ **1.** Démontrer que : RE = 4,5 cm.

▶ **2.** Les droites (ES) et (TG) sont-elles parallèles ? Justifier.

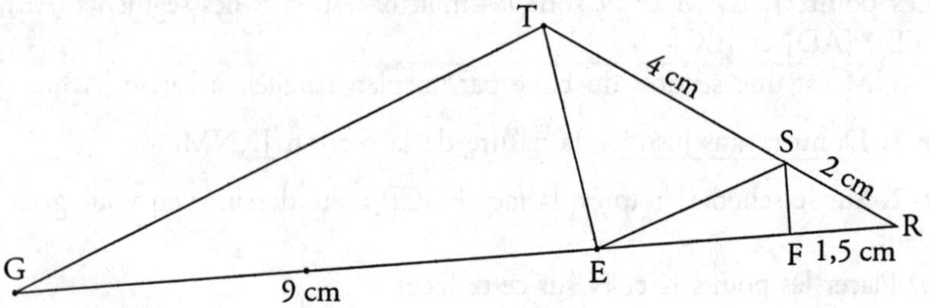

Les dimensions ne sont pas respectées sur cette figure.

CORRIGÉ

EXERCICE 1

▶ **1.** *a)* Le triangle MAI est isocèle et de sommet principal M. La hauteur issue de M est donc aussi médiatrice du segment [AI].

Alors $AS = \frac{1}{2}AI$ soit $AS = \frac{1}{2} \times 11$ ou encore $\boxed{AS = 5,5}$

b) Dans le triangle SAM rectangle en S, nous avons :

$$\tan \widehat{AMS} = \frac{AS}{MS}$$

$$\tan \widehat{AMS} = \frac{5,5}{2,5} = 2,2$$

$\boxed{\widehat{AMS} = 65,6°}$ mesure à 0,1 degré près

▶ **2.** Dans le triangle NAO rectangle en O, nous avons :

$$\cos \widehat{OAN} = \frac{OA}{AN}$$

$$AN = \frac{OA}{\cos \widehat{OAN}}$$

$$AN = \frac{4,5}{\cos 24°}$$

$\boxed{AN = 4,9 \text{ m}}$ valeur arrondie à 0,1 près

EXERCICE 2

▶ **1.** Le quadrilatère JKNM est un rectangle.

▶ **2.** *a)*

Échelle 8/10

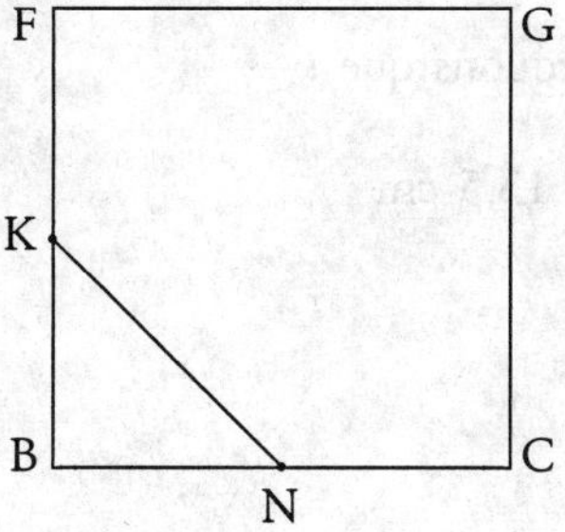

b)

Échelle 8/10

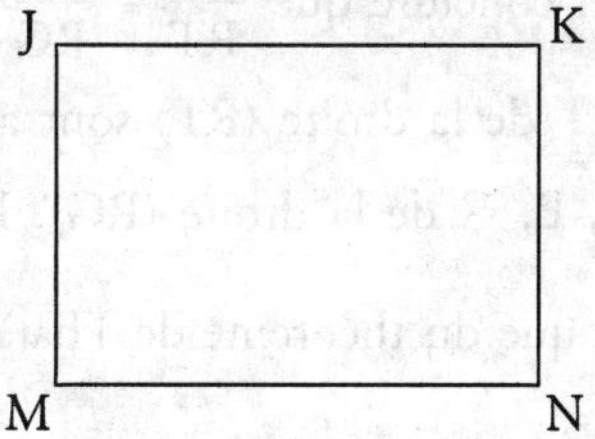

▶ **3.** Le solide AJMBKN est un prisme à base triangulaire.

EXERCICE 3

▶ **1.** Nous remarquons que :

RT = RS + ST

RT = 2 + 4 = 6 cm

Les points R, S, T de la droite (RT) sont alignés dans le même ordre que les points R, F, E de la droite (RE). De plus, les droites (SF) et (TE) sont parallèles. Nous pouvons appliquer le théorème de Thalès et écrire :

$$\frac{RE}{RF} = \frac{RT}{RS}$$

$$\frac{RE}{1,5} = \frac{6}{2}$$

$2 \times RE = 6 \times 1,5$

CORRIGÉ

$$RE = \frac{6 \times 1,5}{2}$$

RE = 4,5 cm

▶ 2. Nous remarquons que :
RG = RE + EG
RG = 4,5 + 9 = 13,5 cm
Calculons :

$$\frac{RS}{RT} = \frac{2}{6} = \frac{1}{3}$$

$$\frac{RE}{RG} = \frac{4,5}{13,5} = \frac{1}{3}$$

Nous pouvons en conclure que $\frac{RS}{RT} = \frac{RE}{RG}$.

Les points R, S, T de la droite (RT) sont alignés dans le même ordre que les points R, E, G de la droite (RG). De plus $\frac{RS}{RT} = \frac{RE}{RG}$.

D'après la réciproque du théorème de Thalès, **les droites (ES) et (TG) sont parallèles.**

58 POITIERS, RENNES — SEPTEMBRE 2002 — 12 POINTS

SUJET

PROBLÈME

Le plan est muni d'un repère orthonormal (O, I, J).

La figure ci-après est à compléter au fur et à mesure de la progression de ce problème.

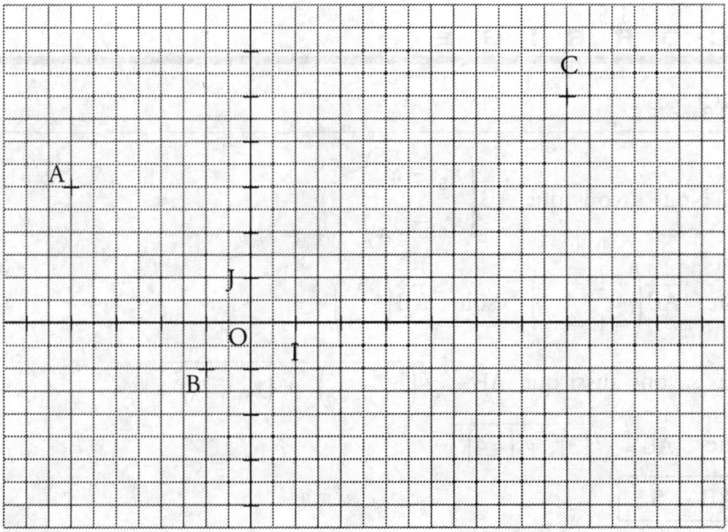

On donne les points :
A(–4 ; 3) et B(–1 ; – 1) et C(7 ; 5)

▶ **1.** Donner les coordonnées du vecteur $\overrightarrow{AB}$, puis calculer la longueur du segment [AB].
Pour la suite du problème, on admettra que :
BC = 10 et AC = $5\sqrt{5}$

▶ **2.** Démontrer que le triangle ABC est rectangle.

▶ **3.** Calculer les coordonnées du milieu M de [AC] et placer le point M sur la figure.

▶ **4.** Démontrer que MB = MC.

▶ **5.** Sur la figure, placer le point N, image du point M par la translation de vecteur $\overrightarrow{AB}$.
Quelles sont les coordonnées de N ? (Aucune justification n'est demandée.)

▶ **6.** Démontrer que les vecteurs $\overrightarrow{AM}$, $\overrightarrow{BN}$ et $\overrightarrow{MC}$ sont égaux.

▶ **7.** Démontrer que le quadrilatère BMCN est un losange.

▶ **8.** Démontrer que le triangle ABC et le losange BMCN ont la même aire.

CORRIGÉ

PROBLÈME

▶ **1.** Nous savons que $\overrightarrow{AB}\begin{pmatrix} x_B - x_A \\ y_B - y_A \end{pmatrix}$.

Donc $\overrightarrow{AB}\begin{pmatrix} -1 + 4 \\ -1 - 3 \end{pmatrix}$ soit $\overrightarrow{AB}\begin{pmatrix} 3 \\ -4 \end{pmatrix}$

Nous savons aussi que $AB = \sqrt{(x_B - x_A)^2 + (y_B - y_A)^2}$.

Donc $AB = \sqrt{(3)^2 + (-4)^2}$

$\boxed{AB = 5}$

▶ **2.** Calculons :

$AC^2 = (5\sqrt{5})^2 = 125$

$BA^2 = (5)^2 = 25$

$BC^2 = (10)^2 = 100$

Il est évident que 125 = 25 + 100. Donc $AC^2 = BA^2 + BC^2$ et d'après la réciproque du théorème de Pythagore, nous pouvons affirmer que **le triangle ABC est rectangle en B.**

▶ **3.** Puisque M est le milieu du segment [AC], alors :

$x_M = \dfrac{x_A + x_C}{2}$ et $y_M = \dfrac{y_A + y_C}{2}$

Donc $x_M = \dfrac{-4 + 7}{2} = 1{,}5$ et $y_M = \dfrac{3 + 5}{2} = 4$

$\boxed{M(1{,}5\,;\,4)}$

▶ **4.** Dans le triangle rectangle ABC, [BM] est la médiane relative à l'hypoténuse. Or, dans tout triangle rectangle, la médiane relative à l'hypoténuse est égale à la moitié de l'hypoténuse.

$MB = \dfrac{1}{2}AC$

$\boxed{MB = MC}$

▶ **5.** Puisque le point N est l'image du point M par la translation de vecteur $\overrightarrow{AB}$, alors $\overrightarrow{MN} = \overrightarrow{AB}$.

Alors $\overrightarrow{MN}\begin{pmatrix} 3 \\ -4 \end{pmatrix}$ donc $\begin{cases} x_N - 1{,}5 = 3 \\ y_N - 4 = -4 \end{cases}$ et enfin $\begin{cases} x_N = 4{,}5 \\ y_N = 0 \end{cases}$

N(4,5 ; 0)

▶ **6.** Puisque M est le milieu de [AC], alors $\overrightarrow{AM} = \overrightarrow{MC}$.
Puisque $\overrightarrow{MN} = \overrightarrow{AB}$, alors le quadrilatère AMNB est un parallélogramme et $\overrightarrow{AM} = \overrightarrow{BN}$.
Conclusion : $\overrightarrow{AM} = \overrightarrow{BN} = \overrightarrow{MC}$

▶ **7.** Puisque $\overrightarrow{BN} = \overrightarrow{MC}$, alors le quadrilatère BMCN est un parallélogramme. De plus, MB = MC d'après la question **4**. Le parallélogramme BMCN possède deux côtés consécutifs de même mesure.
BMCN est un losange.

▶ **8.** Notons $\mathcal{A}_1$ et $\mathcal{A}_2$ les aires respectives du triangle rectangle ABC et du losange BMCN.

$$\mathcal{A}_1 = \frac{AB \times BC}{2}$$

$$\mathcal{A}_2 = \frac{MN \times BC}{2}$$

Or, MN = AB puisque $\overrightarrow{MN} = \overrightarrow{AB}$.
Donc $\mathcal{A}_1 = \mathcal{A}_2$ et nous pouvons en conclure que le triangle ABC et le losange BMCN ont même aire.

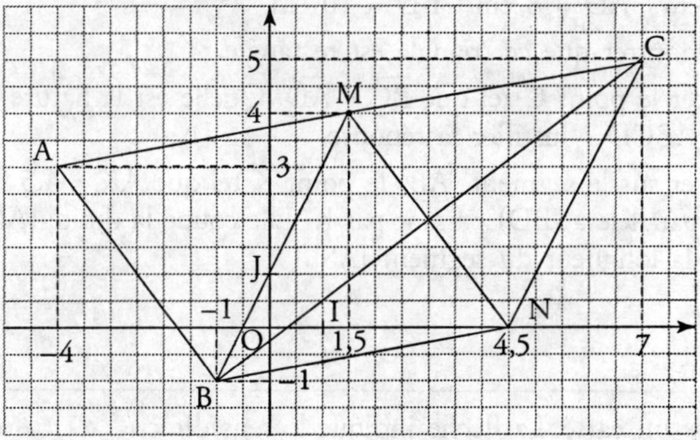

SUJET

EXERCICE 1

La figure ci-contre n'est pas à refaire sur la copie.
Elle n'est pas donnée en vraie grandeur.

A, B et C sont trois points d'un cercle $\mathscr{C}$ (voir figure).
On sait que AB = 3 cm.
La hauteur AH mesure 2,5 cm.
On trace le diamètre [AE].

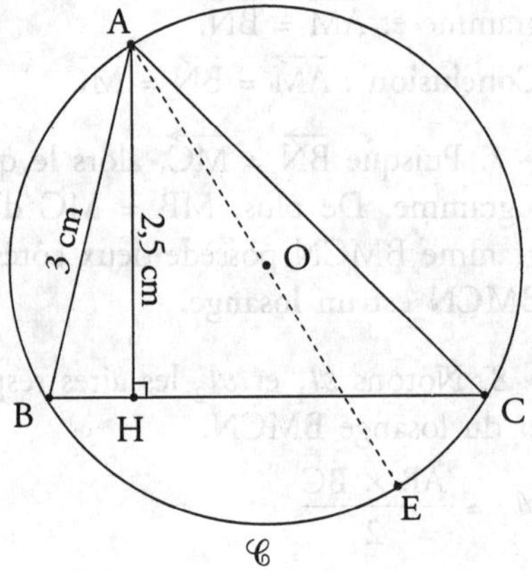

▶ **1.** Quelle est la nature du triangle ACE ? Justifier la réponse.

▶ **2.** Expliquer pourquoi les angles $\widehat{ABC}$ et $\widehat{AEC}$ sont égaux.

▶ **3.** En utilisant le triangle ABH, calculer la valeur exacte de sin $\widehat{ABH}$ et en déduire la mesure de l'angle $\widehat{AEC}$ arrondie au degré.

EXERCICE 2

▶ **1.** Construire un triangle ABD tel que :
AB = 6 cm   AD = 8 cm   BD = 10 cm

▶ **2.** Démontrer que ce triangle est rectangle.

▶ **3.** Placer le point C tel que $\overrightarrow{BC} = \overrightarrow{AD}$. Quelle est la nature du quadrilatère ABCD ? Justifier la réponse.

▶ **4.** Placer sur le segment [AB] le point K tel que AK = 4,5 cm, puis tracer la parallèle à (BD) passant par K. Elle coupe la droite (AD) en S. Calculer la longueur du segment [AS].

EXERCICE 3

PQRS est un carré. La flèche indique le sens direct.

Pour chacune des questions Q_1, Q_2, Q_3, Q_4, une seule réponse est exacte. Recopier, sans justification, cette bonne réponse sur la copie.

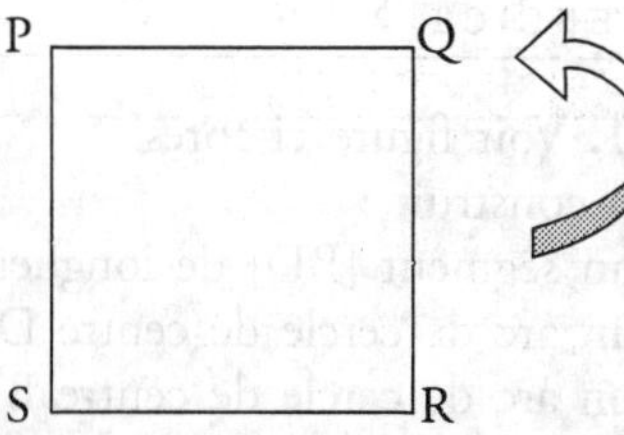

Q_1	$\overrightarrow{PQ} + \overrightarrow{QR} = \overrightarrow{PR}$	$\overrightarrow{SR} + \overrightarrow{RQ} = \overrightarrow{QS}$	$\overrightarrow{SP} + \overrightarrow{PQ} = \overrightarrow{SR}$
Q_2	$\overrightarrow{SP} + \overrightarrow{SR} = \overrightarrow{QS}$	$\overrightarrow{RS} + \overrightarrow{RQ} = \overrightarrow{RP}$	$\overrightarrow{RQ} + \overrightarrow{RP} = \overrightarrow{RS}$
Q_3	L'image de P par la translation de vecteur $\overrightarrow{SR}$ est R.	R a pour image S par la translation de vecteur $\overrightarrow{QP}$	Les vecteurs $\overrightarrow{PR}$ et $\overrightarrow{SQ}$ sont égaux.
Q_4	L'image de Q par la rotation de centre R et d'angle 90° dans le sens indiqué sur la figure est P.	L'image de Q par la rotation de centre R et d'angle 45° dans le sens indiqué sur la figure est P.	L'image de Q par la rotation de centre R et d'angle 90° dans le sens indiqué sur la figure est S.

CORRIGÉ

EXERCICE 1

▶ **1.** Le triangle ACE est inscrit dans un demi-cercle de diamètre [AE]. Il est donc rectangle en C.

▶ **2.** Les angles $\widehat{ABC}$ et $\widehat{AEC}$ sont inscrits dans le cercle ($\mathscr{C}$). De plus, ils interceptent le même arc $\overset{\frown}{AC}$. Ils sont donc égaux.

▶ **3.** Dans le triangle ABH rectangle en H, $\sin \widehat{ABH} = \dfrac{AH}{AB}$.

Alors $\sin \widehat{ABH} = \dfrac{2,5}{3}$ et $\widehat{ABH} \approx 56°$ valeur arrondie au degré

Mais les angles $\widehat{ABH}$ et $\widehat{ABC}$ ont même mesure. De plus, nous savons d'après la question précédente que $\widehat{ABC} = \widehat{AEC}$.

Conclusion : $\widehat{AEC} \approx 56°$ valeur arrondie au degré

EXERCICE 2

▶ 1. Voir figure ci-après.
On construit :
- un segment [BD] de longueur 10 cm ;
- un arc de cercle de centre D et de rayon 8 cm ;
- un arc de cercle de centre B et de rayon 6 cm.

L'une des intersections de ces deux arcs de cercle est le point A.

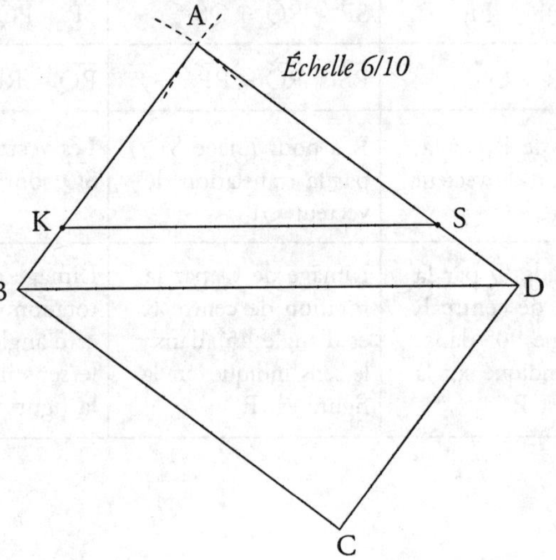

▶ 2. Calculons :
$AB^2 = 6^2 = 36$
$AD^2 = 8^2 = 64$
$BD^2 = 10^2 = 100$
Il est évident que 36 + 64 = 100. Donc $AB^2 + AD^2 = BD^2$ et d'après la réciproque du théorème de Pythagore, **le triangle ABD est rectangle en A.**

▶ 3. Voir figure.
Puisque $\overrightarrow{BC} = \overrightarrow{AD}$, alors le quadrilatère ABCD est un parallélogramme. De plus, ce parallélogramme possède un angle droit en A. **ABCD est un rectangle.**

▶ 4. Les points A, K, B sont alignés dans le même ordre que les points A, S, D. De plus, les droites (KS) et (BD) sont parallèles. Nous pouvons appliquer le théorème de Thalès et écrire :

$$\frac{AK}{AB} = \frac{AS}{AD} \qquad \frac{4,5}{6} = \frac{AS}{8}$$

$6 \times AS = 8 \times 4{,}5 \qquad AS = \dfrac{8 \times 4{,}5}{6}$

AS = 6 cm

EXERCICE 3

Les bonnes réponses sont les suivantes :

Question 1 : $\overrightarrow{PQ} + \overrightarrow{QR} = \overrightarrow{PR}$ (d'après la relation de Chasles).

Question 2 : $\overrightarrow{RS} + \overrightarrow{RQ} = \overrightarrow{RP}$

Question 3 : R a pour image S par la translation de vecteur $\overrightarrow{QP}$.

Question 4 : L'image de Q par la rotation de centre R et d'angle 90° dans le sens indiqué sur la figure est S.

60 REIMS — SEPTEMBRE 2002 — **12 POINTS**

SUJET

PROBLÈME

✪ Première partie

ABCDEF est un hexagone régulier inscrit dans un cercle $\mathscr{C}$ de centre O et de rayon R = 26 cm. On rappelle que tous les côtés de cet hexagone mesurent 26 cm (figure 1 ci-contre).

L'hexagone ABCDEF est la base d'une pyramide régulière de sommet S et de hauteur SO = 83 cm (figure 2).

Le point H est le milieu de [AB].

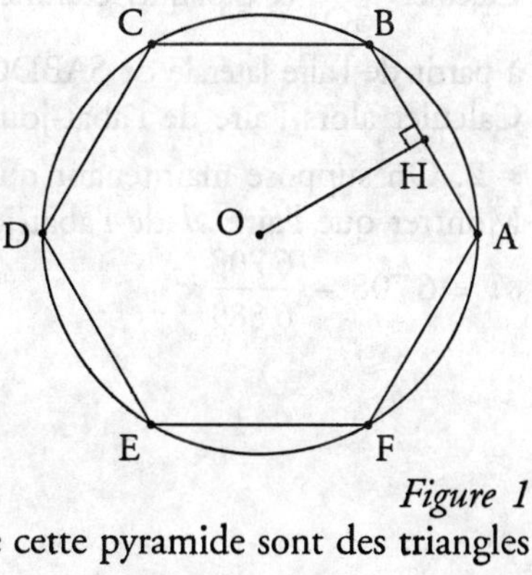

Figure 1

(On rappelle que les faces latérales de cette pyramide sont des triangles isocèles en S.)

▶ **1.** Le triangle SOB est rectangle en O. Calculer SB^2.

▶ **2.** Que représente la droite (SH) pour le triangle SAB ? Justifier.

▶ **3.** Montrer que SH = 86 cm.

▶ **4.** Calculer, en cm^2, l'aire du triangle SAB.

▶ **5.** En déduire que l'aire latérale de la pyramide (aire de la pyramide sans la base) est 6 708 cm^2.

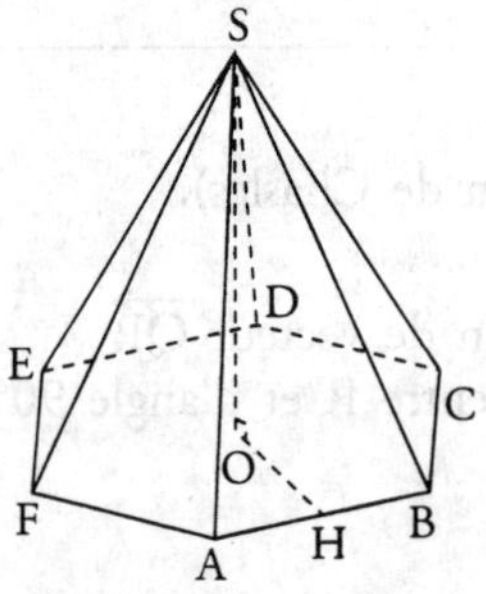

Figure 2

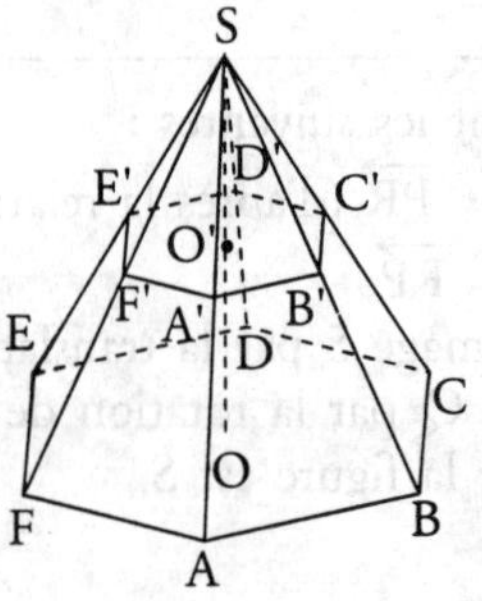

Figure 3

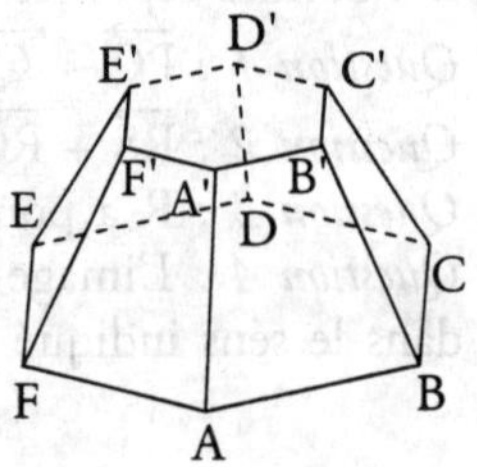

Figure 4

✪ Deuxième partie

Pour fabriquer l'abat-jour d'une lampe, on a coupé cette pyramide par un plan parallèle à la base (figure 3). On obtient ainsi un tronc de pyramide qui servira d'abat-jour (figure 4).

Ainsi la pyramide SA'B'C'D'E'F' est une réduction de la pyramide SABCDEF.

▶ **1.** On donne SO' = 33,2 cm.

Calculer $\dfrac{SO'}{SO}$ et expliquer comment obtenir l'aire latérale de A'B'C'D'E'F' à partir de l'aire latérale de SABDCDEF.

Calculer alors l'aire de l'abat-jour en cm^2.

▶ **2.** On suppose maintenant que SO' = x, avec $0 < x < 83$.

Montrer que l'aire $\mathcal{A}$ de l'abat-jour vérifie :

$$\mathcal{A} = 6\,708 - \frac{6\,708}{6\,889}x^2$$

CORRIGÉ

PROBLÈME

✪ Première partie

▶ **1.** Appliquons le théorème de Pythagore au triangle SOB rectangle en O.

$SB^2 = SO^2 + OB^2$

$SB^2 = 83^2 + 26^2$

$\boxed{SB^2 = 7\,565}$

▶ **2.** Le triangle SAB est isocèle en S puisque la pyramide est régulière, et H est le milieu du segment [AB].

(SH) est la hauteur issue de S dans ce triangle SAB.

▶ **3.** Nous avons :

$BH = \frac{AB}{2}$ soit $BH = \frac{26}{2} = 13$ cm

Appliquons le théorème de Pythagore au triangle SHB rectangle en H.

$SB^2 = SH^2 + BH^2$

$SH^2 = SB^2 - BH^2$

$SH^2 = 7\,565 - 13^2$

$SH^2 = 7\,396$

$\boxed{\mathbf{SH = 86 \text{ cm}}}$

▶ **4.** Notons *a* l'aire du triangle SAB.

$a = \frac{AB \times SH}{2}$

$a = \frac{26 \times 86}{2}$

$\boxed{\mathbf{a = 1\,118 \text{ cm}^2}}$

▶ **5.** Notons *a'* l'aire latérale de la pyramide.

Cette pyramide possède six faces latérales de même aire.

$a' = 6 \times a$

$a' = 6 \times 1\,118$

$\boxed{\mathbf{a' = 6\,708 \text{ cm}^2}}$

✪ Deuxième partie

▶ 1. Nous avons :

$$\frac{SO'}{SO} = \frac{33,2}{83} \quad \text{soit} \quad \frac{SO'}{SO} = 0,4$$

Notons a'' l'aire latérale de la pyramide SA'B'C'D'E'F'.
Puisque la pyramide SA'B'C'D'E'F' est une réduction de la pyramide SABCDEF dans le rapport 0,4, alors :

$a'' = (0,4)^2 \times a'$

$a'' = 0,16 \times 6708$

$a'' = 1\,073,28 \text{ cm}^2$

Notons enfin $\mathcal{A}$ l'aire de l'abat-jour.

$\mathcal{A} = a' - a''$

$\mathcal{A} = 6708 - 1\,073,28$

$$\boxed{\mathcal{A} = 5\,634,72 \text{ cm}^2}$$

▶ 2. Nous avons maintenant SO' = x.

Alors $\dfrac{SO'}{SO} = \dfrac{x}{83}$

Notons $\mathcal{A}$ l'aire de l'abat-jour.
Alors $\mathcal{A}$ est égale à l'aire latérale a' de la pyramide SABCDEF diminuée de l'aire latérale $a''(x)$ de la pyramide SA'B'C'D'E'F'.

$$a''(x) = \left(\frac{x}{83}\right)^2 \times a'$$

$$a''(x) = \left(\frac{x}{83}\right)^2 \times 6\,708$$

$$a''(x) = \frac{6\,708}{6\,889} \times x^2$$

$\mathcal{A} = a' - a''(x)$

$$\boxed{\mathcal{A} = 6\,708 - \frac{6\,708}{6\,889}x^2}$$

Formulaire

✪ Calculs sur les fractions

▶ Pour *additionner* (ou *soustraire*) deux fractions, on les réduit au même dénominateur, puis on additionne (ou on soustrait) les numérateurs et on conserve le dénominateur commun.

▶ Pour *multiplier* deux fractions, on multiplie les numérateurs entre eux et les dénominateurs entre eux.

▶ Pour *diviser* deux fractions, on multiplie la fraction numérateur par l'inverse de la fraction dénominateur.

Remarque : ne pas confondre l'opposé et l'inverse d'un nombre.

• Deux nombres sont opposés si leur somme est nulle.

Exemples : – 5 est l'opposé de 5, $-\frac{1}{3}$ est l'opposé de $\frac{1}{3}$.

• Deux nombres sont inverses si leur produit est 1.

Exemples : $\frac{1}{5}$ est l'inverse de 5, $-\frac{1}{3}$ est l'inverse de – 3.

✪ Calculs sur les puissances

a et b étant deux réels,
m et n étant deux entiers naturels,

$$a^m \times a^n = a^{m+n}$$
$$(a \times b)^m = a^m \times b^m$$
$$(a^m)^n = a^{m \times n}$$
$$\frac{a^m}{a^n} = a^{m-n} \quad \text{si } m > n$$
$$= \frac{1}{a^{n-m}} \quad \text{si } m < n$$
$$= 1 \quad \text{si } m = n$$

Remarques relatives aux puissances de 10 :

• $10^3 = 10 \times 10 \times 10 = 1\,000$

• $10^{-3} = \frac{1}{10^3} = \frac{1}{1\,000} = 0{,}001$

✪ Notation scientifique normalisée

Tout nombre positif x peut s'écrire sous la forme $x = a \times 10^n$, où $1 \leqslant a < 10$ et n est un entier relatif.

✪ **Calculs sur les racines carrées**

a et b étant des réels positifs,

$\sqrt{a \times b} = \sqrt{a} \times \sqrt{b}$

$\sqrt{a^2} = a$

$\sqrt{\dfrac{a}{b}} = \dfrac{\sqrt{a}}{\sqrt{b}}$

✪ **Identités remarquables**

a et b étant deux réels quelconques,
$(a + b)^2 = a^2 + 2ab + b^2$
$(a - b)^2 = a^2 - 2ab + b^2$
$a^2 - b^2 = (a + b) \times (a - b)$

ARITHMÉTIQUE

✪ **Multiple d'un entier naturel**
On appelle multiple d'un nombre entier naturel le produit de ce nombre entier naturel par un autre nombre entier naturel.

✪ **Diviseur d'un entier naturel**
Soient deux entiers naturels a et b.
a est diviseur de b lorsque la division de b par a se fait exactement, c'est-à-dire ne donne pas de reste.

✪ **Diviseur commun à deux entiers naturels**
Un entier naturel est diviseur commun de deux entiers naturels s'il les divise tous les deux.

✪ **PGCD (plus grand commun diviseur) de deux entiers naturels**
Soient deux entiers naturels a et b. Le plus grand de tous les diviseurs communs à a et b est appelé PGCD de ces deux nombres.

✪ **Nombres premiers entre eux**
Deux nombres sont premiers entre eux si leur PGCD est égal à 1.

✪ Fraction irréductible

La fraction $\frac{a}{b}$ est irréductible lorsque a et b sont premiers entre eux.

Si a et b ne sont pas premiers entre eux, la fraction $\frac{a}{b}$ est simplifiable.

En divisant les deux entiers naturels a et b par D, leur PGCD, on obtient une fraction irréductible.

✪ Algorithme d'Euclide

Il permet de déterminer le PGCD de deux entiers naturels non nuls a et b tels que $a > b$.
On effectue la division de a par b. On appelle q_1 le quotient obtenu et r_1 le reste.
On effectue la division de b par r_1. On appelle q_2 le quotient obtenu et r_2 le reste.
Et ainsi de suite; le dernier reste non nul est le PGCD de a et b.

GÉOMÉTRIE

✪ Vecteur défini par ses coordonnées

Le plan étant rapporté à un repère orthonormal (O, I, J)

$$\overrightarrow{AB}\begin{pmatrix} x_B - x_A \\ y_B - y_A \end{pmatrix}$$

✪ Distance de deux points

Le plan étant rapporté à un repère orthonormal (O, I, J)

$$AB = \sqrt{(x_B - x_A)^2 + (y_B - y_A)^2}$$

✪ Coordonnées du milieu d'un segment

Le plan étant rapporté à un repère orthonormal (O, I, J), soient $A(x_A\,;y_A)$ et $B(x_B\,;y_B)$. Notons M le milieu de [AB].

Alors $x_M = \dfrac{x_A + x_B}{2}$ et $y_M = \dfrac{y_A + y_B}{2}$

✪ Relation de Chasles avec des vecteurs

Quels que soient les points A, B et C du plan, alors : $\overrightarrow{AB} + \overrightarrow{BC} = \overrightarrow{AC}$

✪ Tangente en un point A d'un cercle de centre O

En chaque point A d'un cercle, il existe une tangente au cercle ; cette tangente est perpendiculaire à [OA].

✪ Calculs d'aires

Aire d'un triangle $\mathcal{A}_1 = \dfrac{\text{base} \times \text{hauteur}}{2}$

Aire d'un carré $\mathcal{A}_2 = \text{côté} \times \text{côté}$

Aire d'un rectangle $\mathcal{A}_3 = \text{longueur} \times \text{largeur}$

Aire d'un triangle rectangle $\mathcal{A}_4 = \dfrac{1}{2} \times \mathcal{A}_3$

Aire d'un trapèze $\mathcal{A}_5 = \dfrac{(\text{grande base} + \text{petite base}) \times \text{hauteur}}{2}$

Aire d'un disque $\mathcal{A}_6 = \pi \times (\text{rayon})^2$

Aire d'une sphère $\mathcal{A}_7 = 4\pi \times (\text{rayon})^2$

✪ Calculs de volumes

Volume de la sphère de rayon R $\mathcal{V}_1 = \dfrac{4}{3}\pi \times R^3$

Volume de la pyramide ou du cône $\mathcal{V}_2 = \dfrac{1}{3} \times \text{aire de la base} \times \text{hauteur}$

Volume du prisme ou du cylindre $\mathcal{V}_3 = \text{aire de la base} \times \text{hauteur}$

Volume du parallélépipède rectangle $\mathcal{V}_4 = \text{longueur} \times \text{largeur} \times \text{hauteur}$

Volume du cube $\mathcal{V}_5 = (\text{arête})^3$

THALÈS

✪ Propriété de Thalès

- Soient deux droites (D) et (D') sécantes en A.
- Soient B et M deux points de (D) distincts de A.

• Soient C et N deux points de (D') distincts de A.

• Les points A, B et M sont dans le même ordre que les points A, C et N.

Si les droites (BC) et (MN) sont parallèles, alors :

$$\frac{AM}{AB} = \frac{AN}{AC} = \frac{MN}{BC}$$

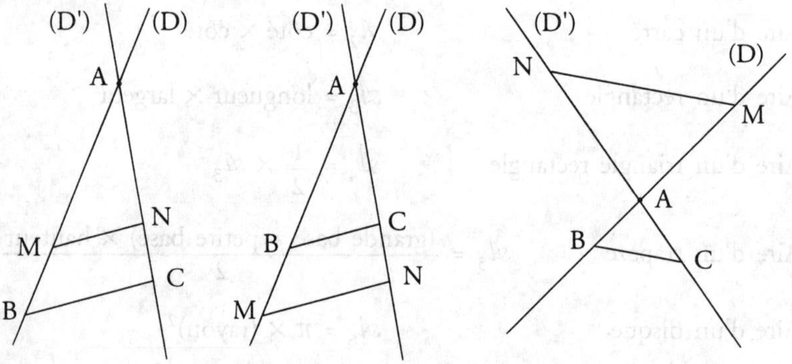

✪ Réciproque de la propriété de Thalès

• Soient deux droites (D) et (D') sécantes en A.

• Soient B et M deux points de (D) distincts de A.

• Soient C et N deux points de (D') distincts de A.

Si les points A, B et M d'une part et les points A, C, et N d'autre part sont dans le même ordre et si $\frac{AM}{AB} = \frac{AN}{AC}$, alors les droites (BC) et (MN) sont parallèles.

PYTHAGORE

✪ Propriété de Pythagore

Si un triangle ABC est rectangle en A, alors $BC^2 = AB^2 + AC^2$.

✪ Réciproque de la propriété de Pythagore

Si un triangle ABC est tel que $BC^2 = AB^2 + AC^2$, alors ce triangle est rectangle en A.

✪ Triangle rectangle

Tout triangle ABC rectangle en A est inscriptible dans un demi-cercle de diamètre [BC].
Dans un triangle rectangle, la médiane relative à l'hypoténuse est égale à la moitié de l'hypoténuse.

TRIGONOMÉTRIE

Soit un triangle rectangle ABC, rectangle en A.

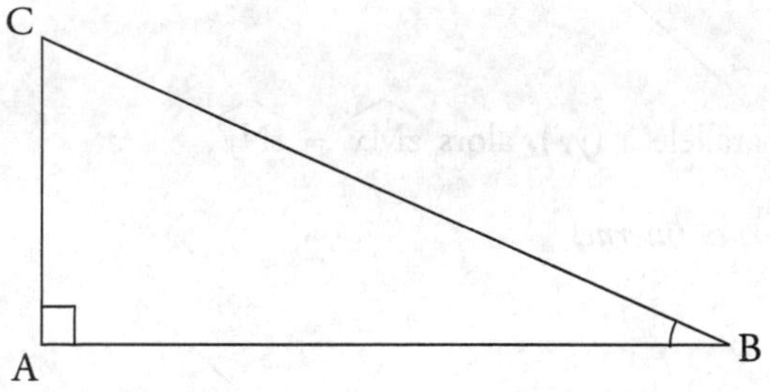

$$\sin \widehat{ABC} = \frac{AC}{BC} = \frac{\text{côté opposé}}{\text{hypoténuse}}$$

$$\cos \widehat{ABC} = \frac{AB}{BC} = \frac{\text{côté adjacent}}{\text{hypoténuse}}$$

$$\tan \widehat{ABC} = \frac{AC}{AB} = \frac{\text{côté opposé}}{\text{côté adjacent}}$$

✪ Agrandissements et réductions

Lorsque toutes les dimensions d'une figure $\mathfrak{F}$ sont multipliées par un même nombre k, on obtient une figure $\mathfrak{F}'$.
Si $k > 1$, $\mathfrak{F}'$ est un agrandissement de $\mathfrak{F}$.
Si $0 < k < 1$, $\mathfrak{F}'$ est une réduction de $\mathfrak{F}$.
L'aire de $\mathfrak{F}'$ se déduit de l'aire de $\mathfrak{F}$ en multipliant cette dernière par k^2.
Le volume de $\mathfrak{F}'$ se déduit du volume de $\mathfrak{F}$ en multipliant ce dernier par k^3.

✪ Propriétés des angles

▶ *Angles correspondants*

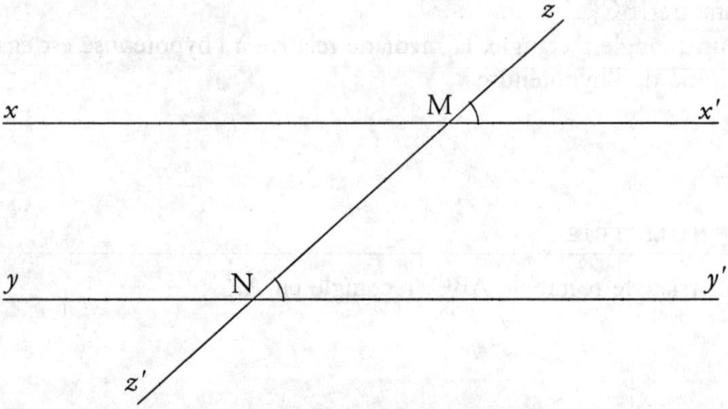

Si (xx') est parallèle à (yy'), alors $\widehat{zMx'} = \widehat{zNy'}$.

▶ *Angles alternes internes*

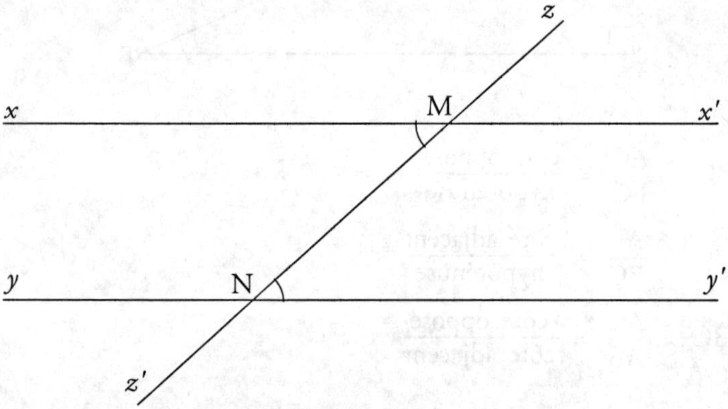

Si (xx') est parallèle à (yy'), alors $\widehat{xMz'} = \widehat{zNy'}$.

▶ *Angles complémentaires*
Angles dont la somme des mesures vaut 90 degrés.

▶ *Angles supplémentaires*
Angles dont la somme des mesures vaut 180 degrés.

▶ Dans un triangle quelconque, la *somme des mesures des trois angles* vaut 180 degrés.

✪ Caractéristiques de position

▶ *Moyenne d'une série statistique*

C'est le nombre *m* réel égal au quotient de la somme de toutes les valeurs de la série statistique par l'effectif total.

▶ *Mode d'une série statistique*

C'est toute valeur de la série statistique d'effectif maximum.

▶ *Médiane*

C'est la valeur qui partage la série statistique, rangée par ordre croissant (ou décroissant), en deux parties de même effectif. Si l'effectif total de la série est un nombre impair, la médiane est une valeur de la série. Sinon, c'est un nombre compris entre deux valeurs de la série. On prend souvent pour médiane la moyenne de ces deux valeurs.

✪ Caractéristiques de dispersion

▶ *Étendue*

C'est la différence entre la plus grande et la plus petite valeur de la série statistique.

▶ *Écart moyen*

C'est la moyenne de la série obtenue en prenant les valeurs positives des différences entre chaque valeur de la série statistique et la valeur moyenne de la série.

GROUPE CPI

Bussière Camedan Imprimeries
à Saint-Amand (Cher), France.
Dépôt légal : août 2003. N° d'édit. : 38768. N° d'imp. : 033910/1.